国家电网
STATE GRID

国网能源研究院有限公司
STATE GRID ENERGY RESEARCH INSTITUTE CO., LTD.

U0748581

2024
新型储能发展
分析报告

国网能源研究院有限公司　编著

中国电力出版社
CHINA ELECTRIC POWER PRESS

国网
能源研究
STATE GRID
ENERGY RESEARCH

图书在版编目（CIP）数据

新型储能发展分析报告. 2024／国网能源研究院有
限公司编著. -- 北京：中国电力出版社，2025. 6.
ISBN 978-7-5239-0065-9

Ⅰ. TK02

中国国家版本馆 CIP 数据核字第 2025XR9830 号

出版发行：中国电力出版社
地　　址：北京市东城区北京站西街 19 号（邮政编码 100005）
网　　址：http://www.cepp.sgcc.com.cn
责任编辑：畅　舒（010-63412312）
责任校对：黄　蓓　李　楠
装帧设计：赵姗姗
责任印制：吴　迪

印　　刷：北京瑞禾彩色印刷有限公司
版　　次：2025 年 6 月第一版
印　　次：2025 年 6 月北京第一次印刷
开　　本：787 毫米×1092 毫米　16 开本
印　　张：5
字　　数：69 千字
印　　数：0001—1500 册
定　　价：128.00 元

声　明

一、本报告著作权归国网能源研究院有限公司单独所有。如基于商业目的需要使用本报告中的信息（包括报告全部或部分内容），应经书面许可。

二、本报告中部分文字和数据采集于公开信息，相关权利为原著者所有，如对相关文献和信息的解读有不足、不妥或理解错误之处，敬请原著者随时指正。

前　言

随着新型能源体系和新型电力系统构建的稳步推进，新型储能已进入规模化和常规化应用阶段，并朝着自主商业化、市场化利用方向不断迈进。2023年，国网能源研究院有限公司储能团队推出了首本年度分析报告，也受到了行业内同仁的广泛关注。2024 年，延续首本报告的分析理念，试图站在电力系统视角看储能，将近一年中跟踪到的储能发展形势和研究思考成果通过本报告进行呈现。

《新型储能发展分析报告》是国网能源研究院有限公司 2024 年度系列分析报告之一。本报告在对近一年新型储能发展现状充分分析的基础上，持续更新分析新型储能的政策环境和技术经济特性及发展趋势，与多省份兄弟单位共同深入探讨新型储能在电力系统中的应用成效，探索目前可行的商业模式，结合智库和产业研究观点，总结和研判发展规律及趋势，并针对新型储能参与电力保供、分布式光伏配储、源网荷储一体化等热点问题进行专题研究。为完整呈现过去一年新型储能发展情况，发展现状数据统计口径为截至 2024 年底数据，储能技术经济特性参数主要参考截至 2024 年平均水平，政策环境分析内容主要为近一年较为重要的政策。

本报告共分为 6 章。其中，第 1 章为新型储能发展现状，分析了我国新型储能项目发展规模和运行情况；第 2 章为新型储能政策环境分析，从不同侧重点梳理分析了近期国家和地方关于新型储能的相关政策要求；第 3 章为新型储能技术经济特性，梳理总结了主流新型储能技术发展现状、成本现状、应用情况及发展形势研判；第 4 章为新型储能在电力系统中的应用场景和商业模式研究，结合实际应用情况，分析了新型储能在支撑电力系统安全经济运行方面的成效，并归类分析研究了各省新型储能商业模式及其主要问题；第 5 章是中国新型储能发展展望，研判近期我国新型储能发展趋势，预测分析"十五五"阶段我国新型储能发展规模；第 6 章是专题研究，选取新型储能参与电力保供的政策机制研究、分布式光伏配置储能相关问题研究、源网荷储一体化的商业模式分析及发展建议等 3 个热点问题，进行深入分析。

限于作者水平，虽然对书稿进行了反复研究推敲，但难免仍会存在疏漏与不足之处，期待读者批评指正！

编著者

2024 年 10 月

目　录

概　　论

2024 年新型储能行业的发展势头持续强劲，产业政策支持力度不减，逐步推动新型储能向规模化和市场化发展转变。新型装机规模持续快速增长，技术创新不断突破，应用场景越来越多元化。基于此，我们对新型储能行业发展现状、趋势展望及关键问题开展分析研究。报告的主要结论和观点如下：

（一）新型储能发展整体情况

新型储能保持快速发展态势，装机规模突破 7000 万 kW。截至 2024 年底，全国已建成投运新型储能项目累计装机规模达 7376 万 kW/1.68 亿 kW·h，较 2023 年底增长超过 130%。

新型储能电站利用水平持续提升，但整体仍低于设计利用率。2024 年，国家电网经营区新型储能电站充电量 210 亿 kW·h，放电量 180.9 亿 kW·h，综合利用小时数 991h❶，同比增长 267h。国家电网经营区 2024 年新型储能等效充放电次数 210.9 次，平均日等效充放电次数仅为 0.6 次，低于至少一充一放的设计利用率。

新型储能政策支持力度不减，着力推动新型储能高效调用和全面参与各类市场交易品种。电网调度利用方面，将储能与电网调峰、智能化调度并列，强调以市场化方式促进新型储能调用，促进"一体多用、分时复用"。电力市场建设方面，鼓励新型储能自主选择参与电能量市场和辅助服务市场获得收益。截至 2024 年底，国家电网经营区有 17 个省区允许储能参与现货市场，13 个省区

---

❶　综合利用小时数=储能电站充放电量/装机规模，计算时按实际运行天数折算等效装机规模。

允许其参与调峰，14 个省区允许其参与调频辅助服务市场，交易品种不断扩展，一次调频、黑启动、爬坡、备用等均已对储能开放。电价机制方面，各地积极探索容量补偿和容量租赁等形式，对新型储能容量成本进行补偿，并通过完善分时电价政策促进用户侧储能发展。此外，一些暂未出台电力市场实施细则的省份，为支持新型储能发展，允许独立储能通过特殊充放电价政策获取补偿，因地制宜执行不同标准。

技术创新不断突破，新型储能试点示范初见成效，呈现多元化发展趋势。锂离子电池储能技术的创新方向为高安全性、高转换效率及低成本。280A·h 大单体电芯成为主流选择，并向 300、500A·h 储能电芯迈进，提升了电池的能量密度和系统整体的效率。全钒液流电池储能处于百兆瓦级试点示范阶段，电堆及核心关键原料等自主可控，电池隔膜难题实现突破。钠离子电池储能处于试验试点阶段，已通过自主创新首次将钠离子电池技术应用于百兆瓦级大容量储能电站。新型压缩空气储能处于示范建设向市场化过渡阶段，聚焦压缩与膨胀等关键环节技术优化，推出首个 300MW 级先进压缩空气储能膨胀机，系统成本降低 20%~30%，效率提高 3%~5%。飞轮储能在阵列式集成设计上取得突破，面向电网侧调频应用的单站 30MW 级示范项目正式投运。

（二）新型储能商业模式经济性

独立储能目前主要承载了新能源配储的指标获取需求，容量租赁是其主要收益来源。在新能源配储政策拉动形势下，容量租赁是其主要收入来源，市场化收益主导的可持续商业模式尚未形成。考虑配建储能一次性投入大、盈利困难等问题，集中式配置、容量共享租赁成为各地新型储能主要发展模式。随着独立储能规模持续增长，租赁市场供需关系发生变化，进而影响租赁价格、周期以及租赁率。在以租赁收益为主的收益格局下，独立储能经济性存在较大不确定性。

新能源通过配建储能可兼顾安全消纳责任与经济运行，随着新能源与储能

成本不断下降，新能源配储整体已初步具备经济性。新能源配储以场内调节为主，一般不作为独立主体参与市场化交易。由于目前"两个细则"❶对新能源考核力度较小，加之当前新能源整体消纳情况较好，仅通过减少考核费用和弃电损失还不能回收储能本体投资成本。**但从配储新能源电站整体来看，**新能源发电已逐步低于燃煤发电基准价，经测算，国家电网经营区大部分省份风电、光伏发电配置10%比例、2h储能已具备经济性。

在峰谷价差逐步拉大趋势下，用户侧储能已具备较好经济性。2021年以来，各地峰谷价差普遍拉大，用户侧储能具备一定盈利条件。部分省份执行"尖峰－高峰－平段－低谷－深谷"电价类型，用户侧储能可实现"两充两放"，进而提升储能系统的利用率和经济性。

（三）新型储能发展趋势研判

经过2023年和2024年的年度新增规模达2000万kW以上的规模化增长，产业上下游和应用端逐步向高质量和科学有序发展方向迈进，新型储能在我国新型能源体系和新质生产力中的价值定位也越发清晰。近期，新型储能产能扩张有所减缓，产业竞争升级，创新成为破局关键；新型储能从"重配置"到"重应用"，配置方式逐步由政策驱动转变为市场需求驱动；我国大力推进大型风电光伏基地建设，带动基地配储规模持续增长；独立共享储能成为新能源配储的重要开发建设模式，用户侧储能参与源网荷储一体化成为热点；构网型储能技术受到关注，长周期储能技术布局提上日程。

面对2030年非化石能源消费占比25%的发展目标，"十五五"期间，我国新能源装机规模和电量占比将会不断攀升，不同时间尺度的系统灵活性调节资源需求增加，需要统筹火电灵活性改造、气电、抽水蓄能、新型储能和需求响应等多类型调节资源，有效支撑新能源高质量发展和系统安全稳定运行。**从政**

---

❶ 《电力并网运行管理规定》和《电力辅助服务管理办法》，简称"两个细则"。"两个细则"将新能源作为并网主体纳入考核，以平衡电力系统内所有电源的出力和利润分配，并承担电网的安全责任。

策驱动角度，考虑延续现有各地区新能源配储比例要求，预计 2030 年国家电网经营区新型储能配置规模可达 1.9 亿 kW。从系统需求角度，以新能源消纳为目标、以电力电量平衡为约束，预计新型储能规模需求为 1.2 亿 ~ 1.6 亿 kW。

（撰写人：胡静　审核人：李娜娜）

1

新型储能发展现状

1.1　新型储能发展规模

新型储能保持快速发展态势，装机规模突破 7000 万 kW[1]。截至 2024 年底，全国已建成投运新型储能项目累计装机规模达 7376 万 kW/1.68 亿 kW·h，约为"十三五"末的 20 倍，较 2023 年底增长超过 130%。平均储能时长 2.3h，较 2023 年底增加约 0.2h。**分地域看,** 新型储能累计装机规模排名前 5 的省区分别为：内蒙古 1023 万 kW/2439 万 kW·h，新疆 857 万 kW/2871 万 kW·h，山东 717 万 kW/1555 万 kW·h，江苏 562 万 kW/1195 万 kW·h，宁夏 443 万 kW/882 万 kW·h。河北、浙江、甘肃、广东、湖南、广西、河南、安徽、湖北、贵州 10 省区装机规模超过 200 万 kW。华北地区已投运新型储能装机规模占全国 30.1%，西北地区占 25.4%，华东地区占 16.9%，华中地区占 14.7%，南方地区占 12.4%，东北地区占 0.5%。**从单站装机规模看,** 新型储能电站逐步呈现集中式、大型化发展趋势。截至 2024 年底，10 万 kW 及以上项目装机规模占比 62.3%，较 2023 年提高约 10 个百分点，1 万～10 万 kW 项目装机规模占比 32.8%，不足 1 万 kW 项目装机规模占比 4.9%。从储能时长看，4h 及以上新型储能电站项目逐步增加，装机规模占比 15.4%，较 2023 年底提高约 3 个百分点，2～4h 项目装机规模占比 71.2%，不足 2h 项目装机规模占比 13.4%。

国家电网经营区新型储能主要为电源侧和电网侧储能，以锂离子电池为主[2]。截至 2024 年底，国家电网经营区在运新型储能电站 1615 个，总装机规模 5876 万 kW/13 815.7 万 kW·h，平均充放电时长 2.35h。截至 2024 年底，国家电网经营区各省区在运新型储能电站装机规模如图 1-1 所示。**从应用场景看,** 新型储能电站主要为电网侧和电源侧，装机规模分别为 3147.9 万、2653.3 万 kW，占

---

[1]　统计数据来源于国家能源局。

[2]　统计数据来源于国家电网有限公司新型储能简报。

比 53.6%、45.2%。用户侧储能接入用户内部，当前统计装机规模 74.8 万 kW[❶]。

从技术类型看，新型储能电站以电化学储能为主，装机规模 5787.6 万 kW、占比 98.5%，其中以锂电池为主，装机规模 5739.3 万 kW，其余为液流电池、铅蓄电池等。其他技术类型新型储能电站以压缩空气储能为主，装机规模 62 万 kW。截至 2024 年底国家电网经营区分场景、不同技术类型在运新型储能电站装机规模占比如图 1-2、图 1-3 所示。

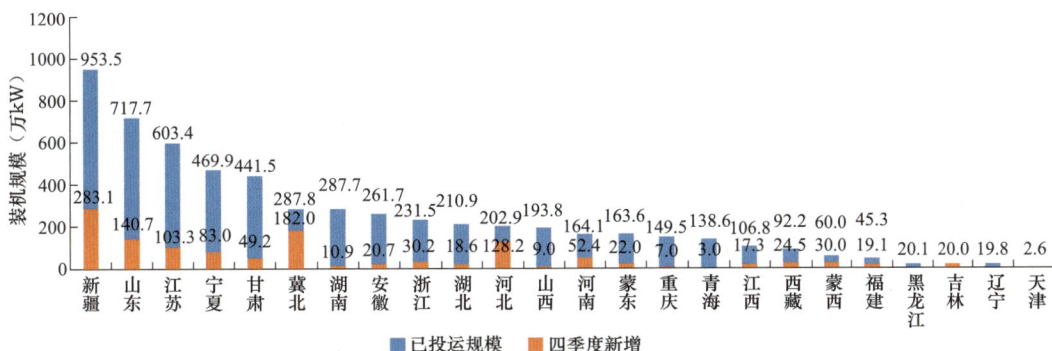

图 1-1　截至 2024 年底国家电网经营区各省区

在运新型储能电站装机规模

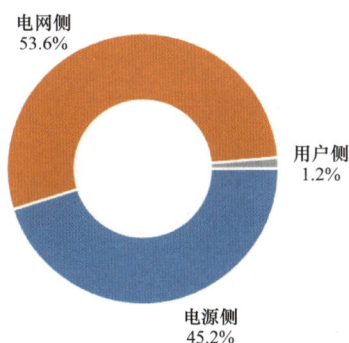

图 1-2　截至 2024 年底国家电网经营区分场景

在运新型储能电站装机规模占比

---

❶　受信息来源渠道限制，用户侧储能统计规模可能与实际存在偏差。

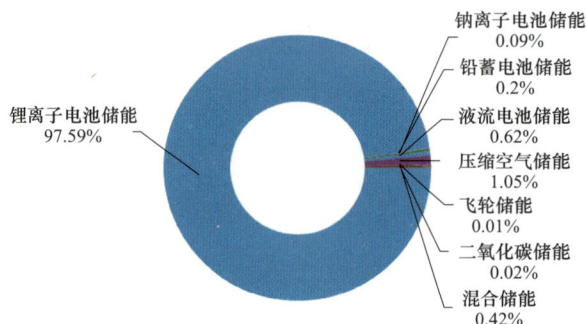

图 1-3 截至 2024 年底国家电网经营区不同技术类型在运新型储能装机规模占比

1.2 新型储能运行情况

新型储能调度运用水平持续提升，发挥了促进新能源开发消纳、顶峰保供及保障电力系统安全稳定运行的功效。2024 年，全国新型储能等效利用小时数约 1000h。国家电网经营区新型储能电站充电量 210 亿 kW·h，放电量 180.9 亿 kW·h，综合利用小时数 991h❶。**从应用场景看**，电源侧、电网侧、用户侧累计利用小时数分别为 829、1130、1322h。**从区域分布看**，浙江、西藏累计利用小时数较高，分别达到 2152、1943h❷。2024 年国家电网经营区各省新区型储能电站累计利用小时数如图 1-4 所示。

新型储能电站目前以调度指令调用为主。2024 年，国家电网经营区新型储能电站充放电量 390.9 亿 kW·h，同比增长 2.5 倍，其中市场化调用、电站自调用、调度指令调用电量分别为 71.2 亿、137.7 亿、182 亿 kW·h，占比18.2%、35.2%、46.6%。2024 年国家电网经营区新型储能电站调度情况如图 1-5 所示。

---

❶ 综合利用小时数=储能电站充放电量/装机规模，计算时按实际运行天数折算等效装机规模。
❷ 西藏均为光伏配建储能（平均充放电时长 4.2h），新能源弃电率较高，储能在弃电时充电，负荷高峰时放电。重庆均为用户侧储能且分时电价价差较高，用户利用储能节约生产成本的意愿较高，每日进行多次充放电。

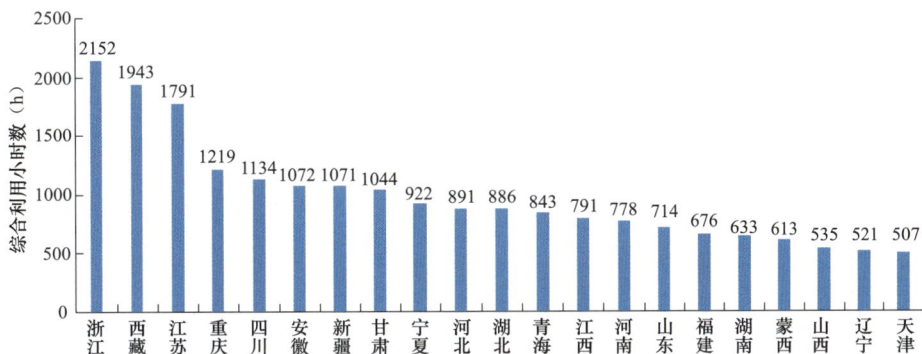

图 1-4　2024 年国家电网经营区各省区新型储能电站累计利用小时数

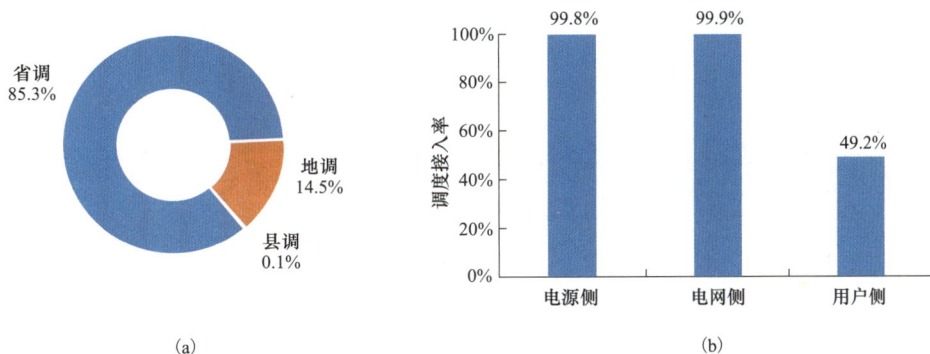

图 1-5　2024 年国家电网经营区新型储能电站调度情况

（a）新型储能电站接入各级调度情况；（b）各侧新型储能电站调度接入率情况

新型储能电站参与市场规模逐步增加，以参与调峰市场为主。截至 2024 年底，在电力交易平台注册新型储能电站 377 个、装机规模 2106.3 万 kW，占新型储能总装机规模 35.8%。2024 年，125 个新型储能电站参与调峰辅助服务市场，装机规模 1041.48 万 kW；45 个新型储能电站参与现货市场，装机规模 490.65 万 kW；11 个新型储能电站参与调频辅助服务市场，装机规模 122.25 万 kW。

（本章撰写人：李娜娜　审核人：刘思革、梁昊）

2

新型储能政策环境分析

2.1　国家政策要求

2024 年，新型储能政策支持力度不减，着力推动新型储能高效调用和全面参与各类市场交易品种。在推动新型储能规模快速发展的同时，通过完善并网和调度运行机制、市场机制，促进新型储能高效利用，同时加强安全管理和创新示范，助力新型储能高质量健康发展。

2.1.1　发展规划

2024 年 2 月 27 日，国家发展改革委、国家能源局发布《关于加强电网调峰储能和智能化调度能力建设的指导意见》，提出推进储能能力建设。做好抽水蓄能电站规划建设，推进电源侧新型储能建设，优化电力输、配环节新型储能发展规模和布局，发展用户侧新型储能，推动新型储能技术多元化协调发展。到 2027 年，电力系统调节能力显著提升，抽水蓄能电站投运规模达到 8000 万kW 以上，需求侧响应能力达到最大负荷的 5%以上，保障新型储能市场化发展的政策体系基本建成。**首次将储能与电网调峰、智能化调度并列，成为提升电力系统调节能力的主要举措。**

2024 年 3 月 5 日，《2024 年政府工作报告》中政府工作任务强调，要加强大型风电光伏基地和外送通道建设，推动分布式能源开发利用，提高电网对清洁能源的接纳、配置和调控能力，发展新型储能，促进绿电使用和国际互认，发挥煤炭、煤电兜底作用，确保经济社会发展用能需求。**"新型储能"首次被写入政府工作报告，体现了新型储能在我国经济社会发展中的重要地位。**

2024 年 5 月 29 日，国务院印发《2024－2025 年节能降碳行动方案》（国发〔2024〕12 号），提出到 2025 年底，全国新型储能装机规模超过 4000 万 kW，较2021 年《关于加快推动新型储能发展的指导意见》（发改能源规〔2021〕1051号）中提出的新型储能发展目标提升 1000 万 kW；各地区需求响应能力一般应达到最大用电负荷的 3%～5%，年度最大用电负荷峰谷差率超过 40%的地区需求响应能力应达到最大用电负荷的 5%以上。落实煤电容量电价，深化新能源上网电价市场化改革，研究完善储能价格机制。2021 年《关于加快推动新型储能发展的指导意见》和 2022 年《"十四五"新型储能发展实施方案》提出了 2025 年新型储能由商业化初期步入规模化发展阶段，2030 年新型储能全面市场化发展的目标。**在强调推进储能能力建设、强化市场机制和政策支持保障的同时，2024 年发布的政策再次提及了 2025 年储能装机规划目标，并进一步提出了 2027 年新型储能市场化发展政策体系目标和需求侧响应能力规划目标，体现了新型储能发展过程中规模与体系建设齐头并进的规划理念。**

2024 年 6 月 4 日，国家能源局发布《关于做好新能源消纳工作保障新能源高质量发展的通知》(国能发电力〔2024〕44 号)，要求省级能源主管部门明确新增抽水蓄能、新型储能等调节资源规模，并组织电网企业等单位开展对各类储能设施调节性能评估认定。

2024 年 8 月 11 日，中共中央、国务院印发《关于加快经济社会发展全面绿色转型的意见》，**这是中央层面首次对加快经济社会发展全面绿色转型进行系统部署。**意见指出加快建立新型电力市场，科学布局新型储能，深化电力价格改革，研究建立健全新型储能价格形成机制。

2024 年 11 月 8 日，十四届全国人大常委会第十二次会议表决通过《中华人民共和国能源法》，提到合理布局、积极有序开发建设抽水蓄能电站，推进新型储能高质量发展，发挥各类储能在电力系统中的调节作用。**这部法律不仅填补了我国能源领域的立法空白，且为新型储能行业提供了坚实的法律基础，明确了新型储能技术在能源系统中的重要地位，有利于推动储能行业的科技创新和市场化发展。**

2.1.2 并网调度

2024 年 4 月 12 日，国家能源局发布《关于促进新型储能并网和调度运用的通知》（国能发科技规〔2024〕26号），明确新型储能功能定位和新型储能接受调度的范围，将接入电力系统并签订调度协议的新型储能分为调度调用新型储能和电站自用新型储能两类，并将独立储能电站、新能源配储、火电联合调频储能、具备接受调度指令的用户侧储能均纳入接受电网调度范畴。强调以市场化方式促进新型储能调用，对于暂不具备参与电力市场条件的新型储能应通过调度指令进行调用。同时，规范了新型储能并网接入技术要求、调度运行技术要求和监督管理要求。**该通知体现了国家层面在新型储能调度运行上的政策方向，为有效保障新型储能合理高效利用、充分发挥新型储能作为灵活性资源的功能和效益提供了政策指引和制度保障，对当前各地区制定完善新型储能调度运行规程、运行方式等提供了重要指导，有助于提升新型储能总体利用水平、缓解部分储能项目"建而不用"问题，进一步增强市场吸引力。**

2024年10月30日，国家能源局印发《关于提升新能源和新型并网主体涉网安全能力服务新型电力系统高质量发展的通知》，针对新能源，以及新型储能、虚拟电厂、分布式智能电网等新型并网主体涉网安全能力提升的总体要求和具体举措提出要求。明确电力调度机构要加强对纳入涉网安全管理范围的新能源和新型并网主体的统一调度管理，为并网主体安全并网提供保障。当前有关新能源和新型并网主体涉网安全管理规范标准较分散，且未刚性执行，个别新型并网主体尚未纳入统一调度，新能源和新型并网主体快速接入对系统安全稳定运行带来较大挑战，**该通知的印发将加强新能源和新型并网主体涉网安全管理，提升系统安全稳定运行水平。**

2.1.3 市场与价格

2023年9月7日，国家发展改革委、国家能源局印发《电力现货市场基本规则（试行）》（发改能源规〔2023〕1217号），规范电力现货市场的建设与运营，包括日前、日内和实时电能量交易，以及现货与中长期、辅助服务、电网企业代理购电等方面的统筹衔接。作为国家层面首个电力现货市场规则性文件，**该**

规则提出了近期和远期建设的主要任务，系统展现出我国电力现货市场运营和管理体系，体现了坚持电力市场化的发展理念。

2023 年 10 月 12 日，国家发展改革委、国家能源局印发《关于进一步加快电力现货市场建设工作的通知》（发改办体改〔2023〕813 号），要求进一步明确现货市场建设要求，进一步扩大经营主体范围，统筹做好各类市场机制衔接，进一步推进电力现货市场建设。鼓励新型主体参与电力市场，通过市场化方式形成分时价格信号，推动储能、虚拟电厂、负荷聚合商等新型主体在削峰填谷、优化电能质量等方面发挥积极作用，探索"新能源+储能"等新方式。

2024 年 2 月 8 日，国家发展改革委、国家能源局发布《关于建立健全电力辅助服务市场价格机制的通知》（发改价格〔2024〕196 号），首次在国家层面对辅助服务市场进行统一规范，加强了辅助服务市场与其他电力市场板块的衔接，明确了调峰、调频、备用等辅助服务的交易和价格机制，对影响辅助服务价格形成的交易机制作出原则性规定，统一明确计价规则和价格上限。**该通知标志着辅助服务将从以"两个细则"为基础的补偿机制，逐步过渡到以市场化定价为主的交易机制。**

2024 年 4 月 25 日，国家发展改革委印发《电力市场运行基本规则》（中华人民共和国国家发展和改革委员会令第 20 号），是加快建设全国统一电力市场体系的顶层设计文件，该规则作为国家发展改革委的部门规章，是正在组织编制的全国统一电力市场"1+N"基础规则体系中的"1"，将为国家发展改革委、国家能源局制修订的一系列电力市场基本规则等规范性文件提供依据。**该规则充分考虑新型电力系统发展的新形势，对新型经营主体进行了定义，对电力辅助服务交易、容量交易等进行了明确，着力构建适应高比例新能源接入、传统电源提供可靠电力支撑、新型经营主体发展的电力市场体系架构。**

2024 年 5 月 8 日，国家发展改革委发布《电力市场监管办法》（中华人民共和国国家发展和改革委员会令第 18 号）。为适应电力市场交易类型和主体进一步多样化的要求，该办法将电力市场监管对象明确为电力交易主体、电力市场运营机构和提供输配电服务的电网企业等电力市场成员，电力交易主体增加售电企业、储能企业、虚拟电厂、负荷聚合商。**该办法是稳妥、有序推进全国统一电力市场体系建设的重要环节，通过进一步强化对电力市场成员行为的监管，有效维护公平、公正的电力市场秩序，激发市场活力。**

2024 年 9 月 13 日，国家能源局发布《电力市场注册基本规则》，进一步完善全国统一电力市场注册制度，规范市场注册工作流程，建立"全国一张清单"管理模式，实现注册业务"一站式"办理，推动"一地注册、信息共享"。**该规则充分考虑市场发展需要，以最简最优原则明确了发电企业、售电企业、电力用户、新型储能、虚拟电厂、智能微电网、分布式电源、电动汽车充电设施 8 类经营主体进入电力市场基本条件，更好地服务各类新型经营主体入市，促进新质生产力发展。**

《电力市场运行基本规则》为我国全国统一电力市场建设提供了顶层设计，《电力现货市场基本规则（试行）》和《关于建立健全电力辅助服务市场价格机制的通知》明确了两个重要市场的运行机制，《电力市场监管办法》和《电力市场注册基本规则》对市场组织和运营加以规范。**可以看出，目前国家发布的电力市场相关政策已经初步搭建出我国全国统一电力市场总体框架，体现我国建设全国统一电力市场体系的步伐正在进一步加快，电力市场机制体系正在逐渐建立和完善。**

2.1.4 标准规范

2023 年 12 月以来，共有 31 个储能相关新版国家标准发布，涵盖电化学储能电站接入电网技术、接入电网运行控制、接入低压配电网运行控制、电池管理通信技术、模型参数测试、调试、检修试验、启动验收、后评价、黑启动技术等；储能变流器技术规范；锂离子电池、铅炭电池、全钒液流电池、钠电池、压缩空气储能等新型储能技术规范等。2023 年 12 月以来储能相关国家标准发布情况如表 2-1 所示。

表 2-1　　　　　　2023 年 12 月以来储能相关国家标准发布情况

编号	标准类别	储能类别	标准名称	标准号/计划号	发布时间	实施时间
1	产品		《电化学储能系统储能变流器技术要求》	GB/T 34120－2023		
2	方法		《储能变流器检测技术规程》	GB/T 34133－2023		
3	产品	电化学储能	《移动式电化学储能系统技术规范》	GB/T 36545－2023		
4	产品		《电力系统电化学储能系统通用技术条件》	GB/T 36558－2023		
5	产品		《电力储能用锂离子电池》	GB/T 36276－2023		
6	产品	铅炭电池	《电力储能用铅炭电池》	GB/T 36280－2023		
7	方法	电化学储能	《电化学储能电站调试规程》	GB/T 42737－2023	2023 年12 月 28 日	2024 年7 月 1 日
8	方法	全钒液流电池	《全钒液流电池可靠性评价方法》	GB/T 43512－2023		
9	管理		《电力储能用锂离子电池监造导则》	GB/T 43522－2023		
10	基础		《用户侧电化学储能系统接入配电网技术规定》	GB/T 43526－2023		
11	产品	电化学储能	《电化学储能电池管理通信技术要求》	GB/T 43528－2023		
12	产品		《电力储能用锂离子电池退役技术要求》	GB/T 43540－2023		
13	方法		《电化学储能黑启动技术导则》	GB/T 43462－2023		
14	方法		《电化学储能电站后评价导则》	GB/T 43686－2024	2024 年3 月 15 日	2024 年10 月 1 日
15	基础	压缩空气储能	《电力储能用压缩空气储能系统技术要求》	GB/T 43687－2024		

编号	标准类别	储能类别	标准名称	标准号/计划号	发布时间	实施时间
16	方法		《电化学储能电站启动验收规程》	GB/T 43868－2024	2024年4月25日	2024年11月1日
17	基础		《电化学储能电站接入电网技术规定》	GB/T 36547－2024	2024年5月28日	
18	方法		《电化学储能电站模型参数测试规程》	GB/T 44117－2024	2024年5月28日	
19	管理		《用户侧电化学储能系统并网管理规范》	GB/T 44113－2024	2024年5月28日	
20	方法		《电化学储能系统接入低压配电网运行控制规范》	GB/T 44114－2024	2024年5月28日	
21	产品		《预制舱式锂离子电池储能系统技术规范》	GB/T 44026－2024	2024年5月28日	2024年12月1日
22	方法	电化学储能	《电化学储能电站接入电网运行控制规范》	GB/T 44112－2024	2024年5月28日	
23	方法		《电化学储能电站检修试验规程》	GB/T 44111－2024	2024年5月28日	
24	方法		《智能电化学储能电站技术导则》	GB/T 44133－2024	2024年5月28日	
25	方法		《电力系统配置电化学储能电站规划导则》	GB/T 44134－2024	2024年5月28日	
26	方法		《电化学储能电站接入电网测试规程》	GB/T 36548－2024	2024年6月29日	2025年1月1日
27	产品		《电力储能电站钠离子电池技术规范》	GB/T 44265－2024	2024年8月23日	2025年3月1日
28	管理		《电化学储能电站安全监测信息系统技术导则》	GB/T 44767－2024	2024年10月26日	
29	安全		《电化学储能电站应急物资技术导则》	GB/T 44803－2024	2024年10月26日	2025年5月1日
30	方法	储能电站	《新能源场站及接入系统短路电流计算 第3部分：储能电站》	GB/T 44659.3－2024	2024年10月26日	
31	安全	电化学储能	《电能存储系统用锂蓄电池和电池组安全要求》	GB 44240－2024	2024年7月24日	2025年8月1日

2.1.5 技术创新

2024 年 1 月 17 日，国家能源局综合司发布《关于公示新型储能试点示范项目的通知》（国家能源局公告 2024 年第 1 号），公布了 56 个新型储能示范项目，涵盖锂离子电池、压缩空气储能、液流电池、重力储能、飞轮储能、钠离子储能、铅炭电池储能、液态空气储能、矾流液储能、混合储能等 10 种技术路线。

2024 年 2 月 29 日，工业和信息化部等七部门发布《关于加快推动制造业绿色化发展的指导意见》（工信部联节〔2024〕26 号），提出要谋划布局氢能、储能、生物制造、碳捕集利用与封存（CCUS）等未来能源和未来制造产业发展。聚焦储能在电源侧、电网侧、用户侧等电力系统各类应用场景，开发新型储能多元技术，打造新型电力系统所需的储能技术产品矩阵，实现多时间尺度储能规模化应用。

2024 年 3 月 1 日，国家发展改革委、国家能源局发布《关于新形势下配电网高质量发展的指导意见》（发改能源〔2024〕187 号），强调推动新型储能多元发展，基于电力系统调节能力分析，根据不同应用场景，科学安排新型储能发展规模，推动长时电储能、氢储能、热（冷）储能技术应用。研究完善储能价格机制。

2024 年 3 月 22 日，国家能源局发布《2024 年能源工作指导意见》（国能发规划〔2024〕22 号），提出推动新型储能多元化发展，强化促进新型储能并网和调度运行的政策措施。加强新型储能试点示范跟踪评价，推动新型储能技术产业进步。探索推广新型储能多元化应用等新技术。

2024 年 5 月 28 日，国家能源局发布《关于做好新能源消纳工作保障新能源高质量发展的通知》（国能发电力〔2024〕44 号），明确探索应用长时间尺度功率预测、构网型新能源、各类新型储能等新技术；开展对各类储能设施调节性能的评估认定，提出管理要求，保障调节效果；加强系统调节能力建设，明确新增煤电灵活性改造、调节电源、抽水蓄能、新型储能和负荷侧调节能力规模，以及省间互济等调节措施。

2024 年 8 月 6 日，国家发展改革委、国家能源局、国家数据局联合发布《加快构建新型电力系统行动方案（2024—2027 年）》（发改能源〔2024〕1128 号），方案指出，提升新型储能涉网性能，推进构网型技术应用，建设一批共享储能电站，探索应用一批新型储能技术，在确保安全的前提下，布局一批共享储能电站，同步完善调用和市场化运行机制，通过合理的政策机制，引导新型储能电站的市场化投资运营。

2024 年 9 月 2 日，工业和信息化部发布《首台（套）重大技术装备推广应用指导目录（2024 年版）》，在电力装备中，公布了压缩空气储能系统、飞轮储能两项储能系统的关键零部件以及全钒液流电池储能系统、铁铬液流电池储能系统、钠离子电池储能系统、超级电容储能系统 4 项新型储能装备。

2.2　地方政策要求

在储能规划目标方面，全国已有 26 个省市规划了"十四五"时期新型储能的装机目标，总规模超 9000 万 kW。2024 年，内蒙古、山东提高了"十四五"期间新型储能装机目标，共计提升 1050 万 kW。 2024 年 5 月 18 日，内蒙古自治区能源局印发《内蒙古自治区 2024—2025 年新型储能发展专项行动方案》（内能源电力字〔2024〕335 号）。要求 2024 年，规划建成电源侧独立储能 400 万 kW/1600 万 kW·h，规划建成电网侧独立储能 250 万 kW/1300 万 kW·h；2025 年，规划建成电源侧独立储能 1000 万 kW/4200 万 kW·h，建成电网侧独立储能 450 万 kW/2300 万 kW·h。与 2021 年发布的《关于加快推动新型储能发展的实施意见》（内政办发〔2021〕86 号）中要求的到 2025 年建成并网新型储能装机规模达到 500 万 kW 以上相比增加 950 万 kW。2024 年 4 月 22 日，山东省人民政府发布了《"十大扩需求"行动计划（2024—2025 年）》（鲁政发〔2024〕5 号），要求 2024 年，新型储能规模达到 500 万 kW 以上，2025 年达到 600 万

kW 以上。与 2022 年发布的《山东省新型储能工程发展行动方案》（鲁能源科技〔2022〕200 号）规定的 2024 年，达到 400 万 kW；2025 年，达到 500 万 kW 左右的规划目标相比增加 100 万 kW。

在技术发展方面，地方政府开始重视长时储能发展，4h 以上长时储能项目数量持续攀升，不同技术路线根据自身特点和应用场景呈现多元化、差异化发展。2024 年 11 月 5 日，宁夏回族自治区发展改革委发布《关于促进储能健康发展的通知》（宁发改能源（发展）〔2024〕816 号），支持 4h 及以上的大容量、安全、高效储能建设，新能源企业与该类储能签订租赁合同时，按其功率的 1.2 倍折算配储规模。2024 年 11 月 11 日，内蒙古自治区发布《内蒙古自治区未来产业创新发展实施方案》（内工信投规字〔2024〕528 号），要发展高能量比、高可靠性锂离子电池、钠离子电池、液流电池等电化学储能和压缩空气储能、飞轮储能、电磁储能等，推动能源电子产业融合升级，开展大容量、中长时储能技术示范。2024 年 12 月 19 日，山东省人民政府办公厅网站发布《关于健全完善新能源消纳体系机制促进能源高质量发展的若干措施》的通知（鲁政办字〔2024〕163 号），支持压缩空气等长时储能发展。鼓励建设压缩空气、可再生能源制氢、液流电池等长时储能项目，符合条件的优先列入全省新型储能项目库，建成后优先接入电网；支持长时储能项目参与电力现货市场交易，入库项目按照核准容量的 2 倍计算储能容量。2024 年 4 月 30 日，黑龙江省人民政府印发《新时代绿色龙江建设 60 条政策措施》，提出支持新型储能多元化发展；支持系统友好型"新能源+储能"电站、基地化新能源开发外送等模式合理布局电源侧新型储能；重点发展电网侧新型储能；支持用户侧储能多元化发展，围绕 5G 基站、充电设施、工业园区等终端用户，探索储能融合发展新场景。

在新能源配套储能政策方面，已有 26 省区明确新能源配储要求，主要配置区间为 10%～20%、2h。2023 年 5 月 18 日，西藏自治区发展改革委印发《2023 年风电、光伏发电等新能源项目开发建设方案》（藏发改能源〔2023〕302 号），要求保障性并网光伏+储能项目配置储能规模不低于光伏装机容量的 20%，储能时长不低于 4h，并按要求加装构网型装置；2023 年 6 月 27 日，山东省发展改革委、山东省能源局联合印发《鲁北盐碱滩涂地风光储输一体化基地"十四五"开发计划》的通知，批复了 1888 万 kW 的风光项目，要求配储比例为 30%、2h。随着分布式光伏大规模快速发展，接入电网承载力不足，山东、河北、甘肃、浙江、江苏、安徽、湖南等省市**要求或鼓励分布式能源配建储能**。山东省枣庄市要求按照装机容量 15%～30%、时长 2～4h 配储；山东省德州市和河南省要求在承载力为黄色、红色区域的分布式光伏项目配置储能，其中德州市要求储能配置比例不少于 15%、2h，河南省要求通过配置储能提升电网承载力，黄色区域要求按照不低于项目装机容量 15%、2h 配置储能，红色区域要求按照不低于项目装机容量 20%、2h 配置储能；江苏省苏州市、昆山市鼓励装机容量 2MW 及以上的分布式光伏，按不低于装机容量 8%的比例配储。为保障新能源电力消纳，作为电源侧的灵活性调节资源，新能源配储将在实现双碳目标中起到重要作用。

在容量租赁方面，已有山东、江苏、浙江、安徽、吉林、湖北、湖南、河南、新疆、宁夏、河北、冀北、青海、广东、广西、贵州等十余省份允许独立储能通过出租或出售容量给新能源场站获取收益。从租赁指导价看，浙江、河南、吉林、四川、安徽、广西、冀北、新疆、贵州 9 个省份出台租赁指导价，其余省份容量租赁价格由市场决定。**从租赁标的看，**在满足给定容量和时长的前提下，存在充放电功率（兆瓦）和电量容量（兆瓦时）两种租赁标的。**从收益分享模式看，**一种是新能源按照全成本价格租赁储能，并分享储能在市场中获得的收益；另一种是新能源按照扣减市场收益后的成本价格租赁储能，不分享市场收益。

在容量补偿方面，目前已有 5 个省份开展容量补偿机制探索，分别为山东、新疆、甘肃、内蒙古、河北。内蒙古、新疆、河北为新型储能电站设置了专门的补偿标准。其中，内蒙古补偿上限暂为 0.35 元/（kW·h），补偿期暂按 10 年考虑；新疆 2023－2025 年的补偿标准分别是 0.2、0.16、0.128 元/（kW·h）；

河北规定容量电价上限为 100 元/（kW·年）。河北 2024 年 5 月末前并网发电的，年度容量电价 100 元/kW；2024 年 6－9 月并网发电的，容量电价逐月退坡，年度容量电价标准分别为 90、80、70、60 元/kW；2024 年 10－12 月并网发电的，年度容量电价按 50 元/kW 执行。而**山东、甘肃两省依托电力市场给予容量补偿**。山东参与电力现货市场的独立储能电站可以获得容量补偿电价 [100 元/（kW·年）]，甘肃则在辅助服务市场中设计了调峰容量市场 [竞价上限为 300 元/（MW·日）]。

在市场机制方面，国家层面将新型储能纳入电力市场主体范畴，强调在电力市场中实现"一体多用、分时复用"，地方也开始探索新型储能参与中长期市场、现货市场和辅助服务市场。**现货市场方面**，主要采用"报量不报价""报量报价"等方式参与市场交易。根据市场实际执行情况，山东、甘肃等地储能采用"报量不报价"方式参与现货市场。山西、广东[1]、贵州[2]等地新型储能采用"报量报价"或"报量不报价"方式参与现货市场。中长期市场方面，新疆储能可分别作为充电主体和发电主体参与中长期交易，充放电损耗由储能电站承担。**调峰辅助服务市场方面**，储能可参与下调节和上调节服务，按照调峰电量给予固定补偿或竞价补偿，充放电电价和充放电损耗承担主体等规定各省政策不一。根据市场实际执行情况，青海、宁夏储能提供下调节和上调节服务，按调峰电量给予固定补偿，充放电电价相同，损耗由储能电站承担。安徽储能提供下调节服务，按充电电量竞价给予补偿，充放电电价相同，损耗由储能电站承担。湖南储能仅提供深度调峰服务，按充电电量竞价给予补偿，充电电价执行大工业分时电价，放电按照煤电标杆电价执行，充放电损耗由不具备调节能力的电源承担。新疆储能提供下调节服务，按充电电量给予固定补偿，充电储存其新能源电量，放电执行新能源上网电价，充放电损耗由储能电站承担。浙江储能

---

[1] 广东电力交易中心发布《关于发布广东电力市场配套实施细则（2024 年修订）的通知》（广东交易〔2024〕79 号）。

[2] 贵州省能源局发布《关于印发〈贵州省新型储能参与电力市场交易实施方案（试行）〉的通知》（黔能源运行〔2024〕68 号）。

提供下调节服务，按充电电量竞价给予补偿，补偿上限 1 元/（kW·h），充放电损耗由储能电站承担。**调频辅助服务市场方面**，山西、甘肃两省采用调频里程补偿方式，报量报价并规定报价区间。福建采用里程补偿+容量补偿的方式，里程补偿方式同上，容量补偿采用定额补偿方式，补偿标准为 960 元/（MW·月）固定补偿。其他辅助服务市场方面，宁夏储能可参与调峰容量市场，采用"单边竞价，边际出清，分档结算"模式，申报和补偿标准上限 300 元/（MW·日）。山东独立储能可参与爬坡辅助服务市场，采用"日前申报、实时出清"的方式与实时电能量联合出清。

一些省份暂未出台电力市场政策，**为促进地方新型储能发展，发挥储能在顶峰保供中的作用，允许储能通过特殊充放电价政策获利，各地执行标准不同。**辽宁储能充电电价为 75%燃煤发电基准电价，放电电价为燃煤发电基准电价；江苏和安徽迎峰度夏（冬）期间，独立储能按照电网调度指令安排调用充放电享受充放电优惠，免充电费用，放电为燃煤发电基准电价，在其他时段，充电为 60%燃煤发电基准电价，放电为燃煤发电基准电价。湖南储能充电时视同为大工业用户，充电价格执行分时电价政策，其充电电量不承担输配电价和政府性基金及附加，放电价格参照省燃煤发电基准价执行。河南和浙江迎峰度夏（冬）期间，独立储能按照调度指令调用，充放电按分时电价政策执行。

在分时电价政策方面，多地动态调整分时电价政策，主要包括优化峰谷时段划分、拉大峰谷价差等。为提高储能日充放电次数，2024 年共有 16 个省份将午间调整为低谷时段，13 个省份执行尖峰时段。为提升用户侧储能盈利水平，山东、青海、新疆、广东、上海等省份扩大峰谷电价浮动比例，21 个地区峰谷价差超过 0.6 元/（kW·h）。此外，大部分省份开始执行季节性电价，江苏、浙江、上海等 11 个地区制定节假日特殊电价，以促进迎峰度夏（冬）和重大节日用电管理。

（本章撰写人：李娜娜　审核人：胡静、袁百慧）

3

新型储能技术经济特性

3.1　新型储能技术发展现状

"十四五"以来，新型储能技术快速发展，各类技术路线的储能功率、时长、响应速度等特性各不相同，均存在各自的应用场景。锂离子电池储能短期来看仍将占绝对主导地位，压缩空气储能、液流电池储能、钠离子电池储能、飞轮储能等技术"十五五"期间将得到快速发展，在部分地区及场景中得到规模化应用。储能技术将朝着规模化、多元化趋势不断发展。在各方的共同努力下，新型储能新技术不断取得突破，30万kW等级压缩空气储能主机设备、全国产化液流电池隔膜、单体兆瓦级飞轮储能系统等实现突破，助力我国储能技术处于世界先进水平。

锂离子电池储能以磷酸铁锂电池为代表，具有响应速度快（毫秒级）、布局灵活、建设周期短等优势，转换效率85%～90%，循环寿命6000～8000次，技术相对成熟。当前，锂离子电池储能技术的创新方向为高安全性、高转换效率及低成本。280A·h大单体电芯成为主流选择，并向300、500A·h储能电芯迈进，提升了电池的能量密度和系统整体的效率。电池材料研究取得突破，尤其是正极和电解液材料的改进，使得锂电池的热稳定性得到了显著提升，降低了其在高温环境下的失效风险。同时，通过创新的电池管理系统（BMS），电池的循环寿命也得到了延长，尤其在大规模储能应用中，循环寿命成为锂电池的重要竞争力。目前，锂离子电池储能集成规模突破了吉瓦时级，能够适应电力系统从秒级到小时级不同时间尺度的各类应用场景，包括电力系统调峰、调频、新能源消纳、紧急事故备用、黑启动等大部分场景。

液流电池储能具有安全性高、循环寿命长（10 000次以上）等优势，但其能量密度低（约为锂离子电池的1/5），全钒液流电池为当前技术主流，处于百兆瓦级试点示范阶段。目前，全钒液流电池的电堆及核心关键原料等自主可控，2024年电池隔膜"卡脖子"难题实现技术突破，自主研发的有机液流电池

AEM 膜，性能较国外产品有大幅提升，将有力推动液流电池商业化应用。其他技术路线在能量密度、循环次数等方面还需提升，尚处于初步示范和发展验证阶段。液硫电池储能在集中式大规模调峰、调频等特定场景具有一定应用前景。

钠离子电池储能技术原理与锂离子电池相似，具有钠资源丰富、成本下降空间大、温度适应范围广（−30 ~ 55℃）等优势，但能量密度不高（约为锂离子电池的 2/3），循环寿命不高（约为锂离子电池的 1/2）。目前已具备规模化示范应用能力，2024 年我国已建成投运首个 10MW·h 的钠离子储能电站，该电站关键核心技术装备 100%国产化，电能管理系统关键技术自主可控。未来随着钠离子电池储能技术性能指标不断改善，将在新能源消纳、顶峰等应用场景中得到规模化应用，在特定应用领域成为锂离子电池的有效补充。

压缩空气储能技术与抽水蓄能技术性能接近，以非补燃先进压缩空气储能为代表的新型压缩空气储能为当前技术主流，具备安全性高、持续充放电时间长（4 ~ 8h）、使用寿命长（30 ~ 50 年）、无循环次数限制等优势，但响应速度较慢，转换效率低（50% ~ 60%），技术成熟度仍需进一步提高。目前，新型压缩空气储能已在多地实现单站百兆瓦级示范应用，处于示范性建设向商业市场化的过渡阶段。我国新型压缩空气储能技术持续进步，主要聚焦于提升系统性能和降低成本，特别是压缩与膨胀等关键环节的优化。2023 年 8 月，我国推出首个300MW 级先进压缩空气储能膨胀机，促进系统成本降低 20% ~ 30%，效率提高 3% ~ 5%。

飞轮储能具有功率密度大、循环寿命长（百万次以上）、响应速度快等优势，受限于技术原理，其能量密度低、自放电率较高、集成成本较高。目前建成规模较小，在一些火储联合调频、风电光伏调频、不间断电源等暂态支撑场景得到示范应用，难以应用于长时储能。2024 年，我国飞轮储能在单体规模和集成规模实现突破，建成世界上最大的飞轮储能设施，容量达到 3 万 kW，利用地下井系统来存放飞轮，并采用半埋式结构，以提高系统的安全性和运行的稳定性。

此外，飞轮储能在 2024 年还被应用于混合储能系统中，尤其是与锂离子电池结合使用，形成了"飞轮+BESS（电池储能系统）"的组合。

氢储能[1]：氢储能具有大容量（可达太瓦级）、长周期（可超过 1 年）、响应速度快、功率调节灵活等优势，但系统效率低、系统成本高。电解水环节，目前主要采用碱性电解水制氢，我国单槽 3000m³/h（标况下）碱性电解槽研制成功，达到国际领先水平，质子交换膜电解水制氢在关键材料的性能和产业化应用方面仍需进一步提升。储氢环节，高压气态储氢技术较为成熟，我国主流应用的是 35MPa 的 III 型储氢瓶，受限于材料设备，70MPa 的 IV 型储氢瓶仍处于小规模推广阶段，较国外存在一定差距。发电环节，主要采用质子交换膜燃料电池技术，其体积功率密度高、响应速度快，但质子交换膜和催化剂等核心材料进口依赖度较高。氢储能在新型电力系统中的定位有别于电化学储能，主要用于长周期、跨季节、大规模和跨空间储能。

热储能[2]：储热技术包括显热储热和相变储热两大类。显热储热是利用介质温度变化过程中吸收与释放热量来实现热能储放，熔融盐储热是显热储热的技术主流，具有使用寿命时间长（25 年以上）、规模化成本低［100 万元/（MW·h）］、能量密度高、储热时间长（4h 以上）、安全性高、互补性强等优点，主要应用在光热发电、火电机组灵活性改造等场景。相变储热是目前研究热点，是利用介质物态变化过程中吸收和释放的大量潜热来储放热能。

3.2　新型储能技术成本现状

锂离子电池储能充放电循环寿命提升较快，成本下降明显。以 2h 磷酸铁锂储能系统为例，对其 EPC 中标价格进行跟踪统计，2024 年锂离子电池系统的建

---

[1]　新型储能范畴内的氢储能单指"电–氢–电"模式。
[2]　新型储能范畴内的热储能单指"电–热–电"模式。

设成本 1000~1300 元/（kW·h），全寿命周期度电成本 0.4~0.5 元/（kW·h）。

液流电池储能的初始建设成本较高，全钒液流电池在国内的产业链初步形成，关键膜材料尚未形成规模化生产，系统建设成本为 3000~3500 元/（kW·h），全寿命周期度电成本为 0.4~0.5 元/（kW·h）。铁铬等其他类型液硫电池储能技术经济性尚不可比。此外，由于液流电池的输出功率和储能容量相互独立，液流电池单位千瓦时（kW·h）投资成本随时长和使用寿命的增加不断降低，液流电池将在长周期储能中更具竞争力。

钠离子电池储能有多种技术路线，整体处于量产验证和小规模交付阶段，产业链上下游构建尚不完善，实际生产成本高于锂离子电池。能量成本 2500~3500 元/（kW·h）。随着产业和技术发展，其原材料价格优势将不断凸显，2030年左右其度电成本有望接近甚至低于锂离子电池。

先进压缩空气储能关键设备逐渐实现国产化，系统建设成本降至 1000~2000 元/（kW·h），全寿命周期度电成本快速下降至 0.5~0.6 元/（kW·h），且仍具下降空间，但受限于其能量转换效率，未来度电成本难以低于抽水蓄能。

飞轮储能按照输出时间和储电量大小分为秒级飞轮和分钟级飞轮两类技术路线。秒级飞轮储能单元采用标准机柜式成套设计，功率成本 5000~8000元/kW。分钟级飞轮储能单元采用地下布置，每台飞轮配置一个地井，飞轮转子处于地下封闭状态，根据需要可阵列集成 10MW 及以上规模化储能系统，功率成本约 10 000 元/kW。

3.3　新型储能技术应用情况

锂离子电池储能：截至 2024 年底，国家电网公司经营区已投运锂离子电池储能规模 5739.3 万 kW，占总规模的 97.7%，平均充放电时长 2.3h，全年充放电转换效率为 86.5%，在电源侧、电网侧和用户侧均广泛应用。国家电网经营区已投运单体容量最大的锂离子电池储能电站——山东东营金河津辉独立储能电站，装机规模为 50 万 kW/100 万 kW·h，采用当前国内能量密度最高的 314A·h 电芯，相比同类型产品能量密度提升 12.5%，配备液冷系统高效成组技术，集成之后单个 40 尺集装箱达到 10MW·h，相比同类型产品容量提升 50%、占地面积减少 25%。

山东东营金河津辉独立储能电站是国家级新型储能试点示范项目，位于山东省东营市利津县刁口乡。一次性充电量可达 100 万 kW·h，可满足约 5000 户家庭一个月用电。年消纳新能源电量约 3.2 亿 kW·h，压减煤炭消费约 10.1 万 t。全部投产后，每年可节约标准煤 16.1 万 t，减排二氧化碳 52.64 万 t。山东东营金河津辉独立储能电站如图 3-1 所示。

图 3-1　山东东营金河津辉独立储能电站

钠离子电池储能：截至 2024 年底，国家电网经营区投运 1 个钠离子电池储能电站——湖北潜江钠离子电池储能电站，规模 5 万 kW/10 万 kW·h，该电站关键核心技术装备 100% 国产化，电能管理系统关键技术自主可控。系统包括

42 个储能仓库和 21 台能量增压转换设备，利用 185A·h 的大容量钠离子电池，提供 110kV 的能量提升和转换能力。该电站具备调峰、一次调频、自动发电控制、自动电压控制等功能，可有效平衡电力供需关系、促进新能源消纳，提升电网灵活性调节能力和稳定性。

湖北潜江钠离子电池储能电站是全球首个百兆瓦时级钠离子储能项目，在电网高峰期释放电能，可满足约 1.2 万户家庭一天的用电需求。每年可充放电 300 次以上，单次充电可储存 10 万 kW·h 电量，年减排二氧化碳 1.3 万 t。湖北潜江钠离子电池储能电站如图 3-2 所示。

图 3-2　湖北潜江钠离子电池储能电站

压缩空气储能技术：截至 2024 年底，国家电网经营区已投运 6 个压缩空气储能电站，累计规模 62 万 kW，占总规模的 1.0%，平均充放电时长 5.3h，全年充放电转换效率为 51.1%，主要在电网侧应用。其中，单体容量最大的压缩空气储能电站为山东肥城桃都中储储能电站，装机规模为 30 万 kW/180 万 kW·h。30 万 kW 级压缩空气储能电站建成投产，推动国产化大容量空气压缩机、透平装备的研发应用，带动我国压缩空气储能技术走在世界前列。

山东肥城桃都中储储能电站是目前国际上规模最大、效率最高、性能最优、成本最低的新型压缩空气储能电站。该项目利用山东省肥城市丰富的地下盐穴资源储气，以空气为介质在电网侧实现大规模电力储能，能够为电网提供调峰、调频、调相、备用、黑启动等电力调控功能，有效支撑电力系统平稳、高效、可靠运行。

该项目采用了中国科学院工程热物理研究所自主研发的先进压缩空气储能技术，攻克了多级宽负荷压缩机和多级高负荷透平膨胀机技术、高效超临界蓄热换热器技术、系统全工况优化设计与集成控制技术等全套 300MW 先进压缩空气储能核心技术，具有完全自主知识产权。系统单位成本较 100MW 系统下降 30%以上，系统装备国产化率达 100%，实现了完全自主可控。该电站系统额定设计效率 72.1%。可实现连续放电 6h，年发电约 6 亿 kW·h，在用电高峰可为 20 万～30 万户居民提供电力保障，每年可节约标准煤约 18.9 万 t，减少二氧化碳排放约 49 万 t。山东肥城桃都中储储能电站如图 3-3 所示。

图 3-3　山东肥城桃都中储储能电站

飞轮储能： 截至 2024 年底，国家电网经营区投运 2 个飞轮储能电站，累计规模 3.6 万 kW，占总规模的 0.6%，主要在电网侧和火储联合调频等场景应用。

其中，单体容量最大的飞轮储能电站为山西长治 110kV 鼎轮储能电站，装机规模为 3 万 kW/3 万 kW·h。该电站为国内首台电网侧独立调频飞轮储能电站，通过实时调控有功出力参与电网调频，有助于解决区域电网内有功不平衡问题，为新型电力系统提供快速调节资源，保障电力系统调频稳定。

氢储能：国内也有少量氢储能项目已正式运行或试运行。安徽六安兆瓦级制氢综合利用示范工程是国内首座兆瓦级氢储能电站，利用 1MW 质子交换膜电解制氢和余热利用技术，实现电解制氢、储氢、售氢、氢能发电等功能。人陈岛氢能综合利用示范工程是全国首个海岛"绿氢"综合能源示范项目，通过构建基于 100%新能源发电的制氢－储氢－燃料电池热电联供系统，实现清洁能源百分百消纳与全过程零碳供能。

3.4　新型储能技术发展形势研判

多元化储能技术协同发展，部分路线实现重大突破。电化学储能技术特别是锂离子电池在未来一段时间仍占据主流地位，在低成本、长寿命、高安全方面继续实现性能提升。全钒液流电池储能目前处于百兆瓦级试点示范阶段，关键技术和工艺流程创新、高性能和低成本膜材料是全钒液流电池创新发展方向。钠离子电池储能目前尚处于试验试点阶段，并在低成本、高密度、长寿命方向不断发展，进而带动细分领域的技术随之变化。未来随着技术性能指标不断改善，电化学储能将广泛布局于源网荷各环节，在部分调峰、新能源消纳、用户等场景中得到实际应用。压缩空气储能技术的设备国产化和规模化生产正在加速，将进一步降低度电成本。非盐穴地区"人工储气库+超临界技术"的压缩空气储能项目逐步试点，进一步拓宽技术应用范围。氢储能、储热等新型储能技术短期存在一些技术难点，但随着技术不断进步，凭借其功率或能量成本的比较性优势将得到一定的商业化应用，尤其是满足未来电力系统长时间、大容量、跨季节调峰需求。此外，固态电池、重力储能等其他类型前沿储能技术也在积极开展研究和示范，推动新型储能技术"百花齐放"。

随着风力、光伏等新能源发电比例的增加，长时储能[❶]**的需求将随之增长。** 新能源的"极热无风、夜间无光"特性以及日内、周内、月内、季度波动的显著特点，使得光伏和风电装机容量的迅速增长对电力供应的稳定性和实时平衡提出了新挑战。随着波动性电源的并网比例扩大，电力系统对调节速率、方向、时间和幅度的需求明显增加，调节范围也从日内和日前延伸到更长的时间尺度。截至 2024 年上半年，在源网侧储能中标公示的项目中，4h 以上储能占比接近 40%，在电源侧项目中的占比已超过 50%。电网侧对长时储能的需求和应用也在逐步增长。海辰储能、亿纬储能、天弋能源等多家储能厂商已发布长时储能专用产品，预示着长时储能将成为行业发展的重要趋势。

新型储能应用场景不断拓展，将在支撑电力系统高效运行、促进新能源消纳、工商业削峰填谷等方面发挥更加关键的作用。 随着新型电力系统"高比例新能源+高比例电力电子设备"的"双高"特征日益突出，新能源消纳、电力供应保障等问题对于储能产生了涵盖秒级至日以上时间尺度的中短时及长时调节需求。而新能源大基地送出、弱电网供电保障、特高压线路输送能力提升等应用场景的出现，又对储能提出了暂态电压支撑、惯量供给、故障穿越等一系列安全保障相关技术性能要求。未来，储能将在电力系统中发挥越来越重要的作用，包括调峰、调频、备用、黑启动等功能，提高电力系统运行效率和稳定性。风能、太阳能等新能源发电与储能的结合，将有效缓解新能源波动性和间歇性问题，提高新能源发电的利用效率。此外，随着分布式能源的发展，储能将在家庭、工商业、微网等场景得到广泛应用，实现电力自发自用、峰谷电价套利等。移动储能将在应急电源、充电桩、移动通信等领域得到广泛应用，满足多样化能源需求。

（本章撰写人：李娜娜　审核人：孟子涵、朱涛、赵添辰）

---

❶　长时储能技术（LDES）通常指持续放电时间不少于 4h、寿命不低于 20 年的储能方案。

4

新型储能在电力系统中的应用场景和商业模式研究

4.1 新型储能不同应用场景的成效分析

4.1.1 电源侧储能促进新能源消纳

电源侧储能是指接入风、光、火等电源并网点以内，与电源联合运行的储能。新能源配置储能可改善风光发电出力特性，缓解电力系统电力电量在时间和空间上的分布不均衡问题，是提高新能源利用率和电力保供支撑的重要手段。2024年，国家电网经营区全网新能源利用率97.4%，持续保持较高水平，在消纳较困难的宁夏、青海、西藏等省，新型储能电站的储能电量最大值达到在运装机容量的85%以上。以甘肃、新疆为例，储能电站运行可跟踪新能源出力和负荷特性，在午间12—15点新能源大发时段充电，平抑新能源出力尖峰，减小系统调峰压力，在晚间19—22点负荷高峰时段放电，保障负荷用电需要，日内实现新能源与储能联合优化出力。在沙戈荒大基地和跨区输电通道建设全面推进的形势下，送端基地电源通常按照风电、光伏、火电比例1:2:1的结构，配套常规电源规模不足，配置储能是提高配套新能源利用率、保障通道稳定供电的必然选择之一。以甘浙直流为例，考虑在送端配套电源增加200万kW/2h储能，可将配套新能源利用率、直流晚间顶峰能力由89%、410万kW分别提高至92%、550万kW。

4.1.2 电网侧储能支撑电力保供

电网侧储能主要分为独立储能和电网替代性储能两类。独立储能电站重点布局在负荷密集接入、大规模新能源汇集、大容量直流馈入、调峰调频困难和电压支撑能力不足等关键电网节点，作为系统公用的调节资源，提供调峰、调频、调压、事故备用、黑启动等服务，能够缓解三北地区新能源消纳压力大、东中部受端地区迎峰度夏度冬供电紧张、东北地区供热季低谷调峰难等问题，提高电网严重故障后短时恢复能力。2024 年迎峰度夏期间，国家电网经营区 847 座、3288 万 kW 新型储能完成集中调用试验，合计最大充电功率 2844 万 kW，最大放电功率 2837 万 kW，电力供应得到有效保障，全年未发生有序用电。电网替代性储能在临时性负荷增加、阶段性供电可靠性需求提高、电网结构薄弱、站址和走廊资源紧张等地区合理布局，减少输配电设施新增建设或延缓升级改造，避免电网低效投资。

4.1.3 用户侧储能支撑电力系统安全高效运行

用户侧储能可通过分时电价驱动参与系统削峰填谷，也可作为系统调节资源直接参与辅助服务市场、电能量市场和需求响应，在白天跨区直流大送、本地新能源大发时段储存电能，晚间负荷高峰时段放电满足用电需求，为用户提供定制化服务，提高综合用能效率效益。重庆夏季炎热，降温负荷超过 40%，最大峰谷差率达到 46%。重庆新型电力系统建设以"增调节、控负荷"为切入，大力发展新型储能。在工商业分时电价政策积极引导下，用户侧储能得到快速发展，充分发挥了削峰填谷、电力保供方面的积极作用。截至 2024 年 8 月，重庆全市投运 48 个用户侧储能项目，总装机规模 117MW/367MW·h，"十四五"年均增速 205%。2024 年 7 月，重庆市虚拟电厂上线运营，这是西南地区首个上线运行的省级虚拟电厂，重庆用户侧储能积极参与虚拟电厂聚合商，以国网重庆综合能源虚拟电厂为例，聚合了重庆长寿恩力吉、重庆会通科技公司等用户侧储能，调节资源达 7.4MW/14.8MW·h，就地就近参与负荷调节，有效缓解了电力供需矛盾、降低用能要素成本、提升能源利用效率。重庆璧山区金冠汽车用户侧储能电站情况如图 4-1 所示。

4.1.4 "云储能"提升台区电网承载和系统调节能力

2023 年，国网山东电力在德州齐河小高村建成国内首个"云储能"示范项目。"云储能"将分散的电池储能系统连接在一起，形成一个大规模的能量储存

图 4-1　重庆璧山区金冠汽车用户侧储能电站

系统，实现对能量的集中存储和管理，使分散的储能资源能够为电网提供调峰及辅助服务。通过云计算和边缘控制技术，实现分布式光伏、分布式储能接入的微电网协调控制，对分散的储能系统进行实时监测和调度，实现新能源高效利用，解决反向重过载、用户过电压问题，实现微电网可观、可测、可控、可调。"云储能"平台汇聚运行信息接入电网调度机构，实现分布式能源的交易，使分散的能源资源得以更加高效地利用，促进清洁能源的发展。德州齐河小高村村内现有居民 60 户，1 台 200kV·A 公用配电变压器，低压分布式光伏 15 户、300kW。若按照低压接入模式，午间分布式光伏大发时刻，配电变压器过载接近50%，用户出现过电压。通过部署 1 套 186kW/372kW·h 分布式储能，实现全村 15 户、300kW 分布式光伏安全接入，项目投运后未出现配电变压器反向重过载、用户电压问题。

4.2　新型储能商业模式

新型储能商业模式仍处于探索阶段。电源侧储能包括新能源配储和火储联合调频。新能源配储主要通过减少弃电和减少"两个细则"考核费用获益，火储联合调频通过改善火电机组调频性能获取调频收益。**电网侧储能**包括独立储能❶和电网功能替代性储能。独立储能具有独立市场主体身份，可通过容量租赁、参与现货、中长期和辅助服务市场等多种方式获益。电网功能替代性储能探索纳入输配电价疏导成本，但尚无具体落实政策。**用户侧储能**主要通过"低充高放"减少的峰段电量电费和月度需量电费获益。不同场景下新型储能商业模式情况如表 4-1 所示。

表 4-1　　　　　　　　　　不同场景下新型储能商业模式情况

应用场景	商业模式	盈利模式
电源侧储能	新能源配储	减少弃电和减少"两个细则"考核费用获益
	火电联合调频	通过改善火电机组调频性能获取调频收益
电网侧储能	独立储能	具有独立市场主体身份，可通过容量租赁、参与现货、中长期和辅助服务市场等多种方式获益
	电网功能替代性储能	将探索纳入输配电价疏导成本，但尚无具体落实政策
用户侧储能	工商业配储	通过"低充高放"减少的峰段电量电费和月度需量电费获益

4.2.1　独立储能

独立储能目前主要承载了新能源配储的指标获取需求，同时作为优质的调节资源在电力市场中兑现价值。现货市场非常态化运行的省份，如湖南、宁夏、江苏等省份，独立储能一般以容量租赁、调峰补偿、充放电价差组合模式获益。现货市场常态化运行的省份，如山东、山西、甘肃等省份，独立储能一般以现货市场、容量租赁、容量补偿、调频市场、充放电价差组合模式获益。主要有以下三类：

模式 1："容量租赁+现货市场+容量补偿"模式，以山东为代表，目前基本可

---

❶　具备独立计量、控制等技术条件，可以以独立主体身份直接与电力调度机构签订并网调度协议，且不受位置限制，作为独立主体参与电力市场。

盈利，未来存在租赁收益和现货价差下降风险。基于山东典型案例测算，电站租赁价格 240～330 元/（kW·年），租赁率约 85%，现货价差约 0.246 元/（kW·h），容量补偿约 0.09 元/（kW·h）。项目内部收益率为 5.4%，接近盈亏平衡点[1]。若租赁率达到 100%，内部收益率 7.2%。受参与市场程度有限、供需失衡等因素影响，山东现货交易价差和租赁价格呈现下降趋势，未来项目经济性面临下降风险。

模式 2：**"现货市场+调频市场"模式，以山西、甘肃为代表，该模式经济性取决于调频市场供需关系，存在明显地域差异。**山西独立储能以调频收益为主，现货收益为辅，经济性较好。以某电站为例，现货价差 0.3 元/（kW·h），全年收益 1500 万元，全年调频获益近 6000 万元，项目内部收益率 6.6%。由于调峰市场需求和收益有限，甘肃独立储能目前难以盈利。以某电站为例，现货价差约 0.075 元/（kW·h），全年收益 150 万元，调频收益 280 万元，调峰容量补偿收益 1000 万元，年综合收益约 1500 万元，难以回收成本。

模式 3：**"容量租赁+充放电价差"模式，现货市场非常态化运行省份采用该模式，租赁收益为主要收益来源，目前发电集团自建自租电站可盈利，其他市场化电站盈利困难。**租赁获益的基础上，考虑现货市场尚未运行，部分省份通过充放电价政策、调峰补偿增加储能收益渠道。以湖南为例，储能充电时视同为大工业用户，充电价格执行分时电价政策，其充电电量不承担输配电价和政府性基金及附加，放电价格参照省燃煤发电基准价执行。经调研，充放电价差约为 0.2 元/（kW·h），调峰成交均价约 0.15 元/（kW·h），两类收益仅占比不足 30%，经济性由租赁收益决定。目前，发电集团自建自租独立储能租赁价格、租赁率一般能保障，项目基本可以盈利。其他市场化租赁独立储能因租赁收益难以保障，项目盈利困难。不同模式下独立储能内部收益率情况如图 4-2 所示。

---

[1] 一般指内部收益率大于 6%～8% 时，项目具有一定的投资价值。

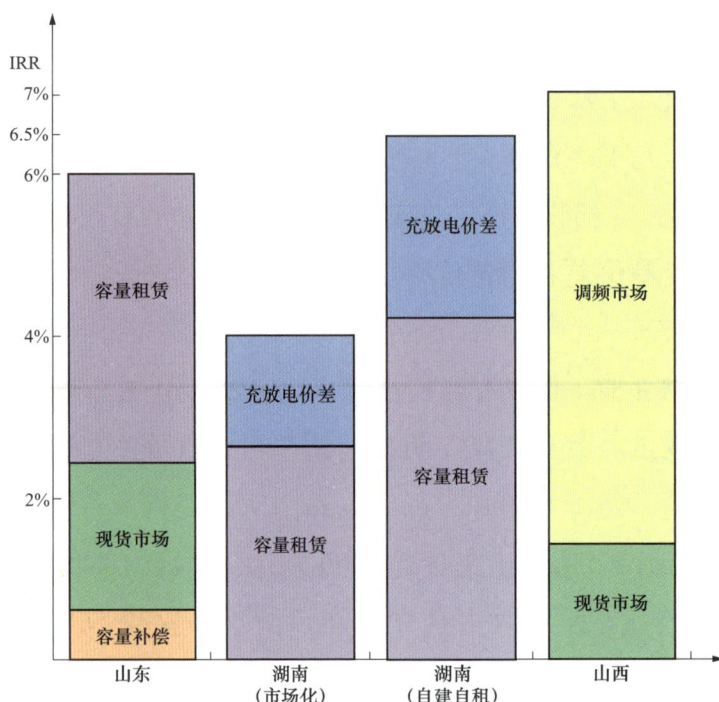

图 4-2　不同模式下独立储能内部收益率情况

4.2.2　新能源配储

　　新能源通过配建储能可兼顾安全消纳责任与经济运行，**随着新能源与储能成本不断下降，新能源配储整体已初步具备经济性。** 新能源配储以场内调节为主，一般不作为独立主体参与市场化交易。由于目前"两个细则"对新能源考核力度较小，加之当前新能源整体消纳情况较好，仅通过减少考核费用和弃电损失还不能回收储能本体投资成本。**但从配储新能源电站整体来看，** 新能源发电已逐步低于燃煤发电基准价，经测算，国家电网经营区大部分省份风电、光伏发电配置 10%比例、2h 储能已具备经济性。

4.2.3　用户侧储能

　　在峰谷价差逐步拉大趋势下，用户侧储能已具备较好经济性。 2021 年以来，各地峰谷价差普遍拉大，据统计，14 个[1]省级电网峰谷价差超过 0.7 元/（kW·h），用户侧储能具备一定盈利条件[2]。此外，部分省份执行"尖峰－高峰－平段－低谷－深谷"电价类型，用户侧储能可实现"两充两放"，进而提升储能系统的利用率和经济性。通过调研浙江、江苏等地用户侧储能项目，每日可实现"两充两放"，项目内部收益率可达 10%，具备良好的盈利能力。2024 年 9 月不同地区电网峰谷价差如图 4-3 所示。

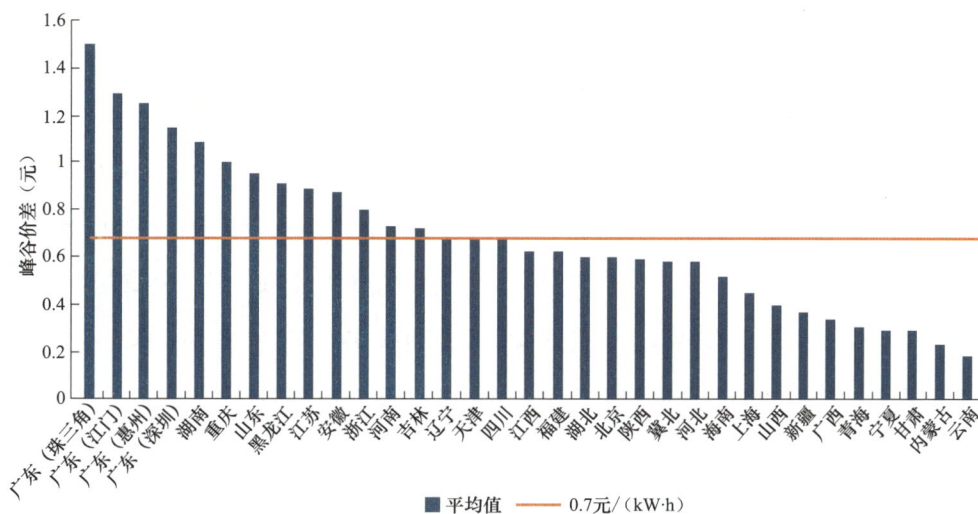

图 4-3　2024 年 9 月不同地区电网峰谷价差

4.3　新型储能商业模式主要问题分析

一是当前新型储能的规模增长主要受新能源配储政策拉动，容量租赁是其主要收入来源，市场化收益主导的可持续商业模式尚未形成。国家电网经营区

---

[1]　广东、海南、吉林、江苏、山东、湖南、安徽、重庆、浙江、河南、四川、贵州、河北、黑龙江等。

[2]　用户侧储能经济性与等效价差水平、与光伏时段匹配度、使用频次、容量配置等多因素相关。

内，25 个省份[1]已出台新能源强制配储政策文件，配置比例为 2.5%～20%、时长为 1～4h，部分地区提出分布式光伏配储要求。考虑配建储能一次性投入大、盈利困难等问题，集中式配置、容量共享租赁成为各地新型储能主要发展模式。随着独立储能规模将持续增长，租赁市场供需关系将发生变化，进而影响租赁价格、周期以及租赁率。在以租赁收益为主的收益格局下，独立储能经济性存在较大不确定性。

二是适应新型储能价值特点的市场机制相对缺乏，新型储能尚难以通过参与市场兑现其容量价值和电量价值。新型储能在调峰、调频、调压、备用、黑启动、惯量响应等方面具备显著优势，但尚难以转化为盈利。在现货市场方面，2024 年上半年，46 个新型储能电站参与现货市场，平均充放电价差 0.30 元/（kW·h），甘肃现货市场平均价差仅约 0.075 元/（kW·h），山东现货市场平均价差较 2023 年出现下降，参与现货交易的盈利空间较小。在辅助服务市场方面，新型储能主要参与调峰、二次调频辅助服务，部分省份出台一次调频、爬坡、备用等交易品种，但受限于实际需求，尚未有实际项目参与。2024 年上半年，新型储能参与调峰服务的平均补偿价格为 0.46 元/（kW·h），补偿力度偏低，加之市场需求有限，辅助服务收益占整体收益比例较小。此外，最新政策[2]对调峰、调频、备用等交易品种制定了价格上限，以宁夏为例，储能调峰补偿价格上限将由 0.6 元/（kW·h）降为 0.2595 元/（kW·h），盈利能力进一步受限。

（本章撰写人：李娜娜　审核人：胡静、孙东磊、马雪）

---

[1] 天津、河北、山西、山东、江苏、安徽、福建、江西、河南、湖北、四川、湖南、内蒙古、吉林、黑龙江、甘肃、青海、宁夏、新疆、西藏、重庆、辽宁、上海、浙江、陕西。

[2] 2024 年 2 月，国家发展改革委发布《关于建立健全电力辅助服务市场价格机制的通知》，对调峰、调频、备用的品种制定价格上限，储能参与辅助服务补偿将面临新的变化和调整。

5

中国新型储能发展展望

5.1　近期新型储能发展趋势

经过 2023 年和 2024 年新型储能年度新增规模超 2000 万 kW 的规模化增长，产业上下游和应用端逐步向高质量和科学有序发展方向迈进，新型储能在我国新型能源体系和新质生产力中的价值定位也越发清晰。近期，在产业、应用和技术等方面呈现出如下几个发展趋势特点。

新型储能产能扩张有所减缓，产业竞争升级，创新成为破局关键。在新型储能产业迅速扩张期，出现了非专业资本盲目跨界、同质化低质竞争严重、产品关键性能指标和安全性不达标等诸多乱象，间接导致了储能电站利用率偏低及安全隐患问题。随着调用规则和市场化机制不断完善，储能电站调用频次增加，需要满足的并网和运行技术标准不断加强，项目收益渠道逐步由投资成本固定分摊补偿为主转向以提高其在电力市场中的参与频次与能力实现价值兑现为导向。因此，高安全、高性能、高价值的储能产品受到行业追捧，500A·h+更大容量锂电储能电芯、300MW 等级压缩空气储能主机设备、全国产化液流电池隔膜、单体兆瓦级飞轮储能系统等相继取得突破，低端落后产能逐步淘汰。

新型储能从"重配置"到"重应用"，配置方式逐步由政策驱动转变为市场需求驱动。新型储能作为系统调节的一类增量技术手段，其发展必须与电力系统的安全绿色经济高效运行的需求相匹配。近一段时期，新型储能的开发建设主要还是满足新能源的大规模发展，但其配置场景将逐步向更加精准化转变，作为系统调节资源外，还将担当提升系统安全稳定运行的电网设备角色。2024 年以来，多政策文件发布规范新型储能并网接入，促进新型储能高效调度运用。新型储能调度运用不断增强，调节作用逐步显现，国家电网经营区 2024 年新型储能等效利用小时数达 991h、等效充放电次数约 267 次，较 2023 年分别提高约 36.9%、53.4%。在市场运行较为成熟的山东、甘肃等地区，新型储能调用水平进一步提升；南方电网经营区 2024 年上半年新型储能等效利用小时数达 560h，已接近 2023 年全年调用水平。

我国大力推进大型风电光伏基地建设，带动基地配储规模持续增长。习近平总书记在全面推动黄河流域生态保护和高质量发展座谈会的重要讲话指出，要推动发展方式全面绿色转型，大力发展绿色低碳经济，有序推进大型风电光伏基地和电力外送通道规划建设。国家发展改革委、国家能源局印发的《以沙漠、戈壁、荒漠地区为重点的大型风电光伏基地规划布局方案》指出，到 2030 年，中国将规划建设风光基地总装机规模约 4.55 亿 kW，其中"十四五"时期规划建设总装机规模约 2 亿 kW。2024 年，我国风电和太阳能发电新增装机规模约 3.58 亿 kW，占新增发电总装机规模的 83%。根据国家能源局提出的"促进新能源基地科学合理配置新型储能"要求，随着三批"沙戈荒"大型风电光伏基地项目成功推动建设，为提升新能源外送和消纳能力，新能源配套储能工程将成为重要的技术支撑手段，多基地项目按照 15% 比例开展储能配置。

独立共享储能成为新能源配储的重要开发建设模式，用户侧储能参与源网荷储一体化成为热点。新能源配储通过共享方式投资或租赁独立储能，能够提升运行效率，便于系统调度利用，已成为新能源配储的主要方式。国家相关政策提出新能源配储满足独立运行条件可转独立储能，为存量新能源配储项目开拓了新的收益渠道。此外，随着用户侧储能收益空间的扩大，用户侧储能、分布式光伏配储以及源网荷储一体化等储能规模将快速增长。2024 年，全国约 20 个地区的最大峰谷价差超过 0.6 元/（kW·h），广东价差已达到 1.2948 元/（kW·h），进一步激发了用户侧储能的开发热情。随着分布式光伏的大规模发展和用户对于绿色经济用电的需求逐步加大，新疆、河南、宁夏等多地大力推进源网荷储一体化项目建设，储能作为"必要环节"，其规模需求不容小觑。

构网型储能技术受到关注，长周期储能技术布局提上日程。高比例新能源、高电力电子化对系统安全稳定性带来挑战，模拟同步特性的电压源构网型技术应运而生。2023 年底，国内首座百兆瓦时级电网侧构网型储能电站湖北荆门 5 万 kW/100MW·h 储能电站投运，2024 年 6 月，成功实施构网型储能电站黑启动试验，有效检验了储能电站在极端条件下快速给电网系统注入电力、迅速恢复电网供电的能力。截至 2024 年 6 月底，国家电网经营区内已有构网型储能电站 31 个、装机规模 317.5 万 kW，具备 222.1 万 kvar 无功支撑能力。面对高比例新能源接入带来的系统安全问题和灵活性需求，以及高温、寒潮等极端天气，大容量、长时、高安全可靠性的储能技术将发挥重要作用。英国、美国等国已通过财政拨款加大长时储能开发力度，多国已开展十到数十小时的液流电池、压缩空气、储热等长时储能项目示范应用。我国在长时储能方面也在积极推进，但在政策支持和技术突破方面仍需进一步加强。

5.2 中长期新型储能发展展望

面对 2030 年非化石能源消费占比 25%的发展目标，"十五五"期间，我国新能源装机规模和电量占比将会不断攀升，不同时间尺度的系统灵活性调节资源需求增加，需要统筹火电灵活性改造、气电、抽水蓄能、新型储能和需求响应等多类型调节资源，有效支撑新能源高质量发展和系统安全稳定运行。

从政策驱动角度，考虑延续现有各地区新能源配储比例要求，预计 2030 年国家电网经营区新型储能配置规模可达 1.9 亿 kW。根据 2030 年各省风电/光伏增量和各省新能源配储政策测算，预计 2030 年，国家电网经营区新型储能累积规模达到 1.9 亿 kW，主要分布在西北和华北地区，预计分别达到 7000 万 kW 和 4300 万 kW，合计约占国家电网经营区新型储能装机规模的 59.4%。国家电网经营区各省份新能源配储政策如表 5-1 所示。

表 5-1   国家电网经营区各省份新能源配储政策

省份	新能源配储政策
天津	2023 年风电、光伏发电项目开发建设方案，储能配置不低于新能源装机容量 15%
河北	冀北电网和南网的配置要求分别为新能源装机容量的 20%、15%，时长不低于 2h
山西	大同、朔州、忻州、阳泉 4 市要求新能源项目同步配置 10%～15%比例的储能
山东	新增集中式风电、光伏发电项目原则上按照不低于 10%、2h 配建或租赁储能设备
江苏	长江以南、以北地区新建光伏发电项目分别按照功率 8%、10%及以上比例、2h 配建调峰能力
安徽	申报项目需配储能，配比不得低于 5%、2h
福建	同步配套建成投产不小于 10%、2h 的电化学储能设施。储能设施未按要求与试点项目同步建成投产的，配建要求提高至不小于 15%、4h
湖北	2022 年底前建成投产的储能电站，按储能电站富余调节容量的 5 倍配套新能源项目。竞争性配储按照 20%、2h（2.5h）配置储能容量
湖南	风电、集中式光伏发电项目应分别按照不低于装机容量 15%、5%比例、2h 配建储能电站
河南	根据承载力，将地区分为绿色、黄色、红色区域，并需要配置不同的储能规模。黄色区域不低于项目装机容量的 15%、2h，红色区域不低于项目装机容量的 20%、2h
江西	按照新能源装机容量的 15%、1h 的要求配置储能
吉林	自 2023 年起新增新能源项目，原则上按照 15%、2h 以上配置储能；鼓励采用集中共享方式
内蒙古	新建保障性并网新能源项目，配建储能原则上不低于新能源项目装机容量的 15%、2h，新建市场化并网新能源项目，配建储能原则上不低于新能源项目装机容量的 15%、4h
甘肃	"十四五"第一批风光电项目继续执行《关于"十四五"第一批风电、光伏发电项目开发建设有关事项的通知》（甘发改能源〔2021〕327 号）储能配置要求。第二批项目按照河西地区（酒泉、嘉峪关、张掖、金昌、武威）按 15%、4h，中东部地区（兰州、白银、天水、平凉、庆阳、定西、陇南、甘南、临夏、兰州新区）按 10%、2h 配置储能
青海	电源侧按照配套新能源装机容量的 15%、2h 配置储能
宁夏	储能设施按照容量不低于新能源装机容量的 10%、2h 以上的原则逐年配置

续表

省份	新能源配储政策
新疆	对建设 4h 以上时长储能项目的企业，允许配建储能规模 4 倍的风电光伏发电项目。利用戈壁、沙漠、荒漠，建设与治沙、农业、畜牧业相结合等关联产业互补路径的光伏发电项目，对建设 4h 以上时长储能项目的企业，允许配建储能规模 5 倍的光伏项目
西藏	保障性并网光伏项目+储能项目配置储能容量不低于光伏装机容量的 20%、4h
辽宁	光伏按照建设功率的 15%、3h 以上配套储能（含储热）设施，风电配套建设不少于装机容量的 15%、4h 以上的新型储能设施
黑龙江	目前尚未出台明确的新能源储能配置要求，但实际项目落地情况来看，黑龙江风电配储比例为 10%、2h
上海	申报竞争性海上风电项目配储比例为 20%、不少于 2h
重庆	保障性并网项目配储比例为 15%、1h；市场化并网项目配储比例 20%、4h
四川	对新增风电、光伏发电项目原则上按不低于装机规模的 10%、不低于 2h 配置新型储能设施，为电源顶峰提供备份
陕西	新增集中式风电项目，陕北地区按照装机容量的 10%配套储能设施；新增集中式光伏发电项目，关中地区和延安市按照装机容量的 10%、榆林市按照装机容量的 20%配套储能设施。储能系统时长不低于 2h
浙江	自 2024 年 1 月 1 日起并网的近海风电、集中式光伏项目，按不低于发电装机容量的 10%、2h 配置新型储能

从系统需求角度，以新能源消纳为目标、以电力电量平衡为约束，预计新型储能规模需求为 **1.2 亿~1.6 亿** kW。按照各区域新能源利用率 90%~95%目标（三北地区 90%，其他地区 95%），考虑需求侧响应为最大负荷的 5%~7.5%，抽水蓄能按照 2030 年规划规模，采用时序生产模拟方法进行测算，预计到 2030 年，国家电网经营区新型储能累积规模需求达到 1.2 亿~1.6 亿 kW，主要分布在西北和华北地区，合计约占国家电网经营区新型储能装机规模的 68%~77%。

（本章撰写人：胡静　审核人：孟子涵、李昌陵）

6

专题研究

6.1　促进新型储能参与电力保供的政策机制研究

6.1.1　新型储能在电力保供中发挥的作用分析

随着新型电力系统"双高""双峰"特性逐渐凸显，新型储能可通过电量时空转移对日内短时电力电量平衡起到一定的支撑作用，也能够在更大时间尺度和空间范围构建源、荷、储的有效平衡，提升新能源主动支撑能力和系统频率电压支撑调节能力，支撑电力系统安全高效运行，有效服务能源安全保障。

新型储能的保供作用主要体现在顶峰、安全支撑、备用保障和缓解断面等几个方面。

在顶峰方面，对于尖峰负荷突出地区，电力系统存在日内电力缺口但无电量缺口的情况下，新型储能发挥日内电量转移的功能，将非高峰时段系统中多余电量存储起来并在高峰时段放电，从而削减系统尖峰负荷。譬如，2023年度夏度冬期间，新型储能全力发挥顶峰作用，国家电网经营区储能最大放电电力占储能装机规模的67%，平衡较为紧张的湖南、河北、江苏等省新型储能最大顶峰同时率均达到80%以上，电力供应得到有效保障，全年未发生有序用电。

在安全支撑方面，新型电力系统"双高"特征下，系统转动惯量支撑和调频调压能力不断下降，新能源对系统频率和电压扰动的耐受能力较差，系统安全稳定运行面临极大挑战。新型储能通过快速吸收或释放功率支撑节点电压、平抑系统频率波动，调频效果是水电机组的1.7倍、燃气机组的2.5倍、燃煤机组的20倍。构网型储能的应用，可进一步提升电压、频率、惯量等支撑能力，根据仿真分析，在青海海南330kV汇集站低压侧分散配置构网型储能，可有效解决青豫直流三次换相失败故障后的过电压问题。

在备用保障方面，当系统发生负荷突然波动或事故时，新型储能可作为备用电源，发挥热备用和黑启动等备用保障性作用。2024 年 6 月 18 日，辽宁大连液流电池黑启动城市电网大容量火电机组试验成功，实现储能带动 35 万 kW 火电机组点火并网。

在缓解断面方面，按照不同地区负荷特点，错峰安排不同地区储能调用，合理调整储能放电功率和时长，有效缓解高峰时段断面卡口重载情况，同时有效提升新能源外送输出能力。

6.1.2　提升新型储能发挥电力保供作用面临的问题挑战

新型储能在电力保供方面的作用已得到实践验证，将逐步扮演愈发重要的角色，但目前还面临实操和机制层面多重问题挑战。

一是部分省份可能存在充电窗口不足问题。电力系统电力供应缺口分布、富裕发电能力等是影响储能发挥顶峰能力的重要因素。为提升电力保供效果，新型储能的放电时段在大部分省份会在晚高峰时段采用大容量、短时长进行放电，充电时段一般为午间净负荷曲线处于低谷的时段。新型储能与光伏有较好匹配性，适用于"午储晚发"方式，但风的过程往往持续几天，风电持续大发时，储能充电后难以找到"放电时段"，小风期间，风电富集地区储能无电可充，难以做到日内循环充放。

二是新型储能运行机制缺乏经济性激励，储能充放电价格机制有待优化调整。电源侧储能在配套新能源不发电时，需通过大电网充电，采用工商业电价结算，放电时执行新能源上网电价，加之储能电池自用损耗、循环寿命等客观因素影响，新能源配储运行经济成本较高，利用率较低。

三是新型储能参与市场化程度低，没有充分参与保供调用。目前在电力交易平台注册新型储能电站装机规模占新型储能总装机规模约 50%，以电网侧为主，但参与市场交易的新型储能电站装机规模占比仅为 36%。对于电源侧储能，目前电源侧储能主要通过"新能源+储能"一体化调度机制参与电网调节。按照政策要求，电源侧储能需要满足相关管理、技术条件后方可获得独立主体身份参与市场，但目前各省区相关规则暂不健全，电源侧储能实际参与市场比例不足 10%。对于电网侧储能，整体来看，目前单一市场难以支撑储能成本回收。以山东电网为例，2023 年午间低谷和晚峰时段现货平均价差为 0.32 元/（kW·h），但后夜低谷与早峰时段平均价差仅为 0.05 元/（kW·h），仅能够激励新型储能参与一次循环充放。储能参与辅助服务市场，受补偿价格和利用频次不确定等影响，整体获益水平偏低。

四是新型储能电站技术水平参差不齐，提供安全可靠的电力保障存在不确定性。一方面，储能电站现行国家标准关于动态响应特性、故障穿越能力等指标低于电网运行要求，对并网前储能电站系统级别安全可靠性测试和验证的标准体系尚不完善。另一方面，新能源指标对配储的大量需求吸引资本盲目跨界投资，低价、低质量、同质化竞争乱象凸显，产品循环寿命、容量衰减、效率等关键性能指标无法满足调用要求，间接导致储能电站利用率偏低，并埋下安全隐患。

6.1.3 相关建议

一是统筹火电、新型储能、抽蓄等各类系统调节资源发挥保供中作用。在存在日内短时电力缺口特征显著地区引导在电网关键节点部署电网侧新型储能，作为其他保供电源的补充。在电量缺乏省份，需统筹电源类资源提供保供能力，而非大量建设储能。鼓励用户自建储能，通过促进用户侧储能发展，削弱用电尖峰，从需求侧解决电力供应紧张问题。推动大容量、长周期储能核心技术装备研发和系统集成及示范应用，应对极端天气下电力保供问题。

二是优化新型储能价格机制，日常引导和应急调用机制相结合。优化工商业动态峰谷分时电价机制，实行系统运行费用、上网环节线损费用等的分时电价机制，通过价格信号进一步引导储能业主优化充放电曲线，全力支撑迎峰度夏期间的电力保供。参考煤电容量电价机制，针对实际需求制定储能容量电价机制。建立新型储能应急调用及响应机制，预判有电力紧缺时，可紧急调用新型储能提前充电并获得相应补偿。

三是推动完善新型储能参与电力市场机制，增加营收途径。降低新型储能市场准入门槛，加强各类市场衔接机制。提升调峰辅助服务市场补偿标准，推广有偿一次调频，引入惯量、爬坡等新交易品种，建立完善容量补偿机制，合理扩大市场限价范围，促进新型储能电站一体多用、分时复用，提高储能电站收益。推动新能源联合储能参与现货市场，鼓励配建储能通过波动性节点电价提升经济性。

四是强化新型储能并网运行管理，保障可靠调用。加快完善并落实储能并网、调试相关技术标准，规范储能并网合规管理流程。促请政府部门出台文件，明确新型储能电站消防验收等管理责任部门和验收要求，防止储能电站长期停运。进一步加强新型储能电站运行考核管理，纳入"两个细则"考核，强化储能电站日常管理维护。督促无法正常响应调度指令的储能电站及时完成整改工作，持续提升运行可靠性。

6.2　分布式光伏配置储能相关问题研究

6.2.1　分布式光伏配置储能必要性分析

调研发现局部地区分布式光伏难以就地就近消纳，设备反向过载等问题严重，河南、山东、河北等地部分时间段被迫采取分布式光伏限电。截至 2024 年 6 月底，全国分布式光伏装机规模 3.1 亿 kW，其中国家电网经营区 2.76 亿 kW，占全国总装机规模的 89%，主要分布在山东、江苏、河南、浙江、河北等屋顶资源丰富农村地区。大部分农户平均用电负荷仅 2kW，但户用光伏平均装机规模超过 20kW，无法实现自我消纳。此外，农村地区光伏大发出力集中在午间，而用电负荷集中在晚间，光伏出力和当地用电负荷的时空特性不匹配，导致设备反向重过载、电压越限等问题凸显。为保证电力系统安全稳定运行，山东、河北等省份在春节等特殊时段被迫采取了分布式光伏限电措施，2024 年上半年河南分布式光伏常态化参与系统调节。

分布式光伏配置储能，可有效提高光伏出力和用电负荷的匹配性，促进农村光伏就地就近消纳，提升系统调节能力。储能具有响应快、配置灵活、建设周期短等优势，是提高光伏消纳水平、提升系统调节能力、保障系统运行安全的有效措施。一是农村地区光伏所配置的储能，其"谷充峰放"的运行特性可有效降低电网峰谷差，提高电网设备利用效率。二是结合电动汽车下乡等政策，通过光储充协同运行，可解决居民用电、光伏发电、汽车充电时间不协调问题，有效提高农村光伏自平衡能力。以河南郑州典型案例开展仿真分析，按照光伏装机容量的 15%配置储能，光伏利用率提升 3.6 个百分点，在此基础上按最大负荷的 30%配置充电设施，可进一步提升光伏利用率 2.4 个百分点。

国家和部分地方政府出台支持分布式光伏配置储能相关政策文件，地方政府提出的分布式光伏配置储能比例多数在 15%左右。2021 年，国务院印发《2030 年前碳达峰行动方案》提出"支持分布式新能源合理配置储能系统"。目前，河南、湖南、河北、山东、江苏等省市已出台文件细化落实分布式光伏配置储能的原则性要求或具体量化指标。其中，河南提出电网承载力评估为黄色和红色区域分别按照分布式光伏装机容量的 15%、20%，2h 配置储能❶；山东枣庄提出分布式光伏按照装机容量的 15%~30%，2~4h 配置储能❷。若按照分布式光伏年新增 1 亿 kW，其中 70%的分布式光伏配置 15%储能进行测算❸，每年新增储能 1050 万 kW，可有效提升系统调节能力。

---

❶ 根据 DL/T 2041−2019《分布式电源接入电网承载力评估导则》，分布式电源接入导致反送潮流超过设备限额的 80%，或短路电流、电压偏差或谐波校核不通过，或向 220kV 及以上电网反送电，评估等级为红色；发生反送潮流但不超过设备限额的 80%，评估等级为黄色。

❷ 地方政府相关政策文件及要点详见附表 1。

❸ 根据国家能源局公布 2024 年上半年光伏发电建设情况，上半年户用光伏新增容量占全部分布式光伏新增容量的 30%。在此测算时，考虑非户用光伏配置一定比例储能。

6.2.2　分布式光伏配置储能技术经济分析

　　技术效果方面，初步测算，在分布式光伏高渗透率接入❶、网架较为薄弱等地区，现阶段按分布式光伏装机容量的 10%～20%配置储能，可有效提升光伏利用率。国网能源研究院有限公司利用自主开发的配电系统（源网荷储）协同规划软件（DEAP），以河北某村级典型❷案例开展分布式光伏配置储能效果分析，发现其规划分布式光伏的容量渗透率为135%，但实际利用率不到90%，按照一定比例配置储能后，以当前实际运行中通常采用的固定充放电控制策略，可有效提升光伏利用率。测算结果显示，储能配置比例在5%～20%区间时，光伏利用率逐步上升，达到91%以上；当再次增加储能配置容量时，储能在夜间放电时存在引起电压越限的风险，光伏利用率提升不明显，且储能配置成本将进一步提升。不同储能配置比例对分布式光伏消纳的影响如图6-1所示。

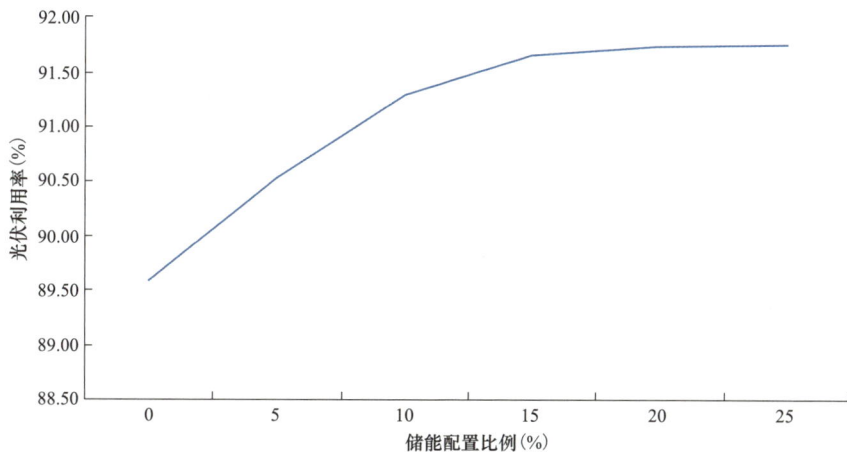

图 6-1　不同储能配置比例对分布式光伏消纳的影响

　　经济性方面，由于储能成本下降等因素，"光伏+储能"整体内部收益率仍

---

❶　分布式光伏渗透率一般采用容量渗透率（分布式光伏装机容量与负荷最大值的比值）来衡量，根据国内外相关研究，超过 30%时可认为是高渗透率。
❷　河北省保定市涞水县。

超过 8%，国家电网经营区内分布式光伏装机容量较高的大部分省份具备盈利能力。近年来，光伏系统造价大幅下降。按照光伏系统初始投资成本（3000 元/kW）进行测算，国家电网经营区分布式光伏装机排名前十省份的光伏项目收益率为 6.9% ~ 15.2%。配置 10%、2h 储能条件下，项目整体收益率为 5.2% ~ 11.4%，8 个省份仍具备经济性；配置 20%、2h 储能条件下，项目整体收益率为 3.7% ~ 9.6%，山东、河北等 2 个省份具备经济性。分布式光伏配置不同比例储能时整体内部收益率如图 6-2 所示。

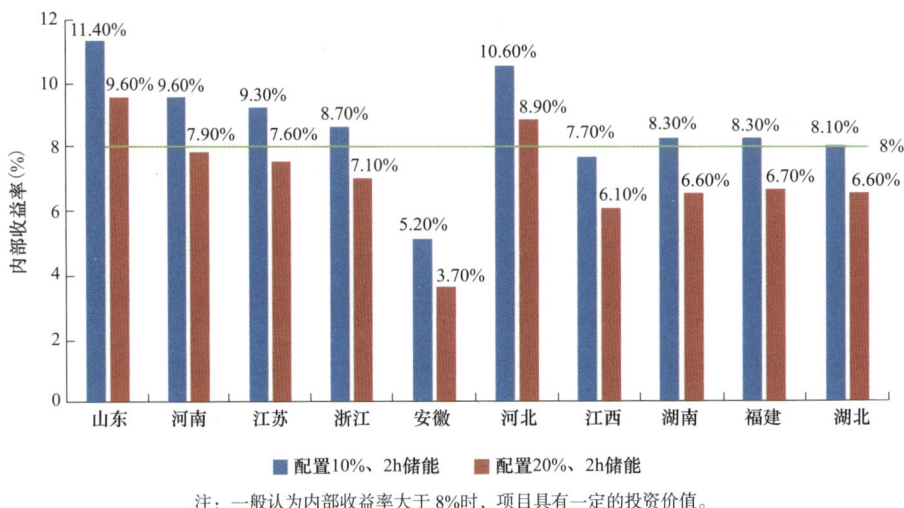

注：一般认为内部收益率大于 8%时，项目具有一定的投资价值。

图 6-2　分布式光伏配置不同比例储能时整体内部收益率

随着全国统一电力市场建设的不断完善，储能"一站多用"多元价值将全面发挥，可进一步提升"光伏+储能"项目经济性。一是通过配置储能，发挥"谷充峰放"作用，可有效提升分布式光伏收益水平。二是在完善的市场机制下，农村光伏配置储能可通过参与需求响应、辅助服务市场等方式疏导成本，获取更多收益。

6.2.3　相关建议

一是推动市场机制建设，引导储能发挥调节作用获取合理收益，调动投资主体积极性。优化完善农村光伏配置储能参与中长期交易、现货、辅助服务和需求侧响应等技术标准、准入条件，逐步提高农村光伏配置储能参与市场比例，引导其通过市场交易有效发挥电能量调节、系统调频等作用，并获得合理收益。加快推进电力交易平台、电力现货市场技术支持系统等相关功能优化，为农村光伏配置储能参与市场提供平台支撑。

二是加强农村光伏配置储能的调度运行管理，提升储能利用水平。一方面，加强采集、通信、数字化等技术支撑进一步下沉，提升农村光伏配置储能的运行数据监测能力，根据储能接入位置和电压等级确定调度关系。加强调度自动化系统、负荷管理系统等数字化平台的互通共享，建立适应农村光伏配置储能的调控运行机制，强化本地自平衡技术支持手段。另一方面，强化农村光伏配置储能运用效果评估，及时根据市场价格信号等因素，对利用水平低的储能调整调度运行策略，充分发挥储能参与系统调节作用，持续提升储能利用水平。

6.3　源网荷储一体化的商业模式分析及发展建议

6.3.1　源网荷储一体化发展基本情况

源网荷储一体化是能源清洁低碳转型过程中出现的新模式、新业态，在国家政策鼓励、市场主体积极探索下，近年来呈现快速发展态势。目前，各级政府出台相关政策约 90 项。从国家层面看，主要是对一体化项目责任主体、发展模式等提出原则性要求，但落地实施的技术规则和配套细则还不完善，对项目实施范围、源荷储要素配置、规划建设程序、调度运行规则、成本分摊机制等缺乏统筹。从地方政策看，已出台的文件差异较大，例如对新能源开发规模与负荷的比例要求不同，多数省没有明确配储标准。价格方面，少数省规定自发自用电量收取交叉补贴、系统备用费等，部分省打折收取或直接免收。规模方面，少数省以开发分布式等小规模一体化项目为主，部分省明确要求项目年用电量 2 亿~5 亿 kW·h。

6.3.2 源网荷储一体化项目内涵及商业模式

目前，社会上对源网荷储一体化的概念仍不清晰，与隔墙售电（分布式发电与周边用户就近交易，向大电网缴纳"过网费"）、虚拟电厂（利用数字化智能化等先进技术，将需求侧一定区域内的可调节负荷、分布式电源、储能等资源进行聚合、协调、优化）、多能互补（传统能源和新能源在发电侧相互补充、相互替代，实现优势互补）、微电网（由分布式电源、用电负荷、配电设施、监控和保护装置等组成，基本实现内部电力电量平衡的小型发配用电系统）等存在混淆或交叉。经研究，一体化项目应包括三方面关键要素，一是"源"，以新能源为主的清洁电源，主要是光伏、风电；二是"网"，与大电网物理连接界面清晰，不是虚拟网、孤网；三是"荷"，紧密围绕负荷需求开展，实现源、网、储灵活精准配置。

根据源、网、荷、储要素组合不同，一体化项目可以分为源荷一体化、储荷一体化、源储荷一体化、源网荷一体化、源网荷储一体化 5 大类。源荷一体化，主要指在用户场所内自建分布式电源，为用户自身供电，源－荷作为整体连接大电网，包括户用光伏、家庭作坊配新能源等；储荷一体化，主要指储能以专线向用电负荷供电，或者储能移动在不同大电网负荷端，低充高卖，主要是电动汽车充放电；源储荷一体化，主要指在源荷一体化项目基础上，按需配置一定储能，提升自发自用电量和稳定性，源－储－荷作为整体连接大电网；源网荷一体化，主要指绿电直连、新能源直供负荷、新能源电力专线供电、建设新能源自备电站等，未明确配置储能要求；源网荷储一体化，主要指电源+网+储能+负荷各要素齐备的工业园区、微电网等，包括零碳园区、绿电园区、自供区配新能源、增量配电网配新能源、大型工业企业配新能源、光储充检一体化等。

其中，绿电直连/自备模式，受欧盟绿色贸易壁垒影响，出口型企业关注度较高。尤其是欧盟新电池法生效以来，碳足迹核算规则（征求意见稿）仅认可绿电自发自用和绿电直连（即存在新能源场站直接向用户供电的专用线路），当前欧盟内部、美国等各方仍存在分歧，我国相关部委正在研究应对举措。甘肃、宁夏、浙江、青海、吉林、山西等地方政府已经出台支持文件。江苏、辽宁也拟就绿电直连给予政策支持。

6.3.3　源网荷储一体化发展需关注的重点问题

当前地方政府和投资主体积极探索推动一体化项目，对于促进地方经济增长、发展新质生产力、探索新业态新模式具有积极意义，但因总体布局、系统安全、社会公平等考量不足，形成局部优化影响全局最优，造成无序发展。

一是经济性方面，一体化项目是否盈利，自发自用电量是否缴纳交叉补贴、系统运行费、政府基金及附加是关键，与政策要求密切相关。未缴纳相关费用的项目，如新疆吐哈油田项目，自发自用电量成本较电网供电低 0.11 元/（kW·h）。按照现行政策缴费的项目，如甘肃某电解铝一体化项目，略低于电网购电 0.015 元/（kW·h）；东部地区某项目，综合用电成本较电网供电高 0.08 元/（kW·h）。

二是公平性方面，大电网价值除了直接电力供应，很重要的是为一体化项目提供电压、频率、旋转惯量等系统支撑，但当前部分地方出台政策，默许项目自发自用电量不缴或少缴政府基金及附加等费用，导致相关费用需要向全体工商业用户传导。此外，多数一体化项目未纳入新能源规划统筹，无序发展；部分项目依托存量用户建设，造成电网在建或已建成项目闲置。

三是促进新能源发展方面，新能源供给消纳主要取决于系统是否具备足够灵活性调节资源和消纳空间。目前，一体化项目实际运行中很难实现自平衡（长周期储能投资大、技术不成熟），仍需依托大电网调节，加之同一区域新能源出力特性同质化，一体化项目新能源绑定负荷，独占消纳空间的同时，又离不开系统调节，必然增加大电网其他新能源的消纳难度。

四是安全性方面，目前，国家对于一体化项目的定位尚不明确，部分项目存在未经安全校核并网、涉网性能不达标、监控手段不足等问题。由于部分一体化项目以新能源拉专线方式供电，网架结构相对薄弱，更易发生故障，影响电网稳定和周边用户供电质量。部分项目跨越电网企业营业区拉专线供电，个别项目同时向多个用户直供，存在交叉供电、电磁环网、反送电等安全隐患。

综合判断，一是当前一体化项目经济性更多依赖政策支持。如果足额缴费，一体化项目经济性难以体现。二是一体化项目离不开大电网支撑。现阶段要完全实现自平衡，需配建足量新能源和储能，投资运行成本很高。三是一体化项目需要公平承担责任。新能源发展目前主要由大电网、传统电源、工商业用户承担了系统责任。随着一体化项目增多，需要考虑公平承担经济、社会、安全责任。四是进入市场是一体化项目实现可持续发展的必由之路。推动一体化项目公平参与市场，通过市场竞争实现技术能力强、运行效率高的一体化项目脱颖而出。

6.3.4　相关建议

当前一体化项目还处于发展初期，亟需规范发展，妥善处理总体布局、系统安全、市场建设等问题，营造良好市场环境，推动一体化项目高质量发展。

一是规范一体化项目建设，推动基本规则制度统一公平。加强新能源规划统筹，确保一体化项目开发与新能源发展规划、电力发展规划有效衔接。明确一体化项目应基于新增新能源、新增用电负荷，避免存量电网投资浪费。推动一体化项目公平承担社会责任和系统成本，确保所有电量（含自发自用电量）足额缴纳系统备用费、交叉补贴、系统运行费、政府性基金及附加等费用。

二是加强一体化项目接网运行管理，夯实电力系统安全基础。明确一体化项目配套管理规则和技术标准，推动一体化项目作为整体，单点接入大电网，设施设备符合大电网技术标准，纳入电网统一调度。一体化项目应配置足够储能等调节设施，强化自主调峰、自我消纳，原则上不向电网反送电。项目内部实施"分表计量"，便于准确统计发用电情况、计算可再生能源消纳权重和碳排放双控指标。

三是明确一体化项目市场主体地位，推动一体化项目公平参与市场。随着我国电力现货市场不断完善，现阶段一体化项目进入电力市场进行资源配置的基础条件已经具备。应明确一体化项目的市场主体地位，自发自用电量以外的购售电均通过市场化方式组织。研究明确一体化项目参与市场的准入条件、交易机制，规范市场主体注册条件和流程，做好与现有市场机制、交易品种衔接。

（本章撰写人：冯凯辉　审核人：胡静、周喜超、郭鹏）

附录 1 我国新型储能主要政策一览表

附表 1-1   我国新型储能主要政策一览表（截至 2024 年 12 月）

序号	领域	发布时间	文件名称	核心内容
1	综合性政策	2024 年 3 月 5 日	《2024 年政府工作报告》	"新型储能"首次被列入政府工作报告，明确发展新型储能
2		2024 年 8 月 11 日	《关于加快经济社会发展全面绿色转型的意见》	中央层面首次对加快经济社会发展全面绿色转型进行系统部署。指出加快建立新型电力市场，科学布局新型储能，深化电力价格改革，研究建立健全新型储能价格形成机制
3		2024 年 9 月 13 日	《中华人民共和国能源法》（草案二次审议稿）	"新型储能"首次被列入《能源法》二次审议稿。规定国家合理布局、积极有序开发建设抽水蓄能电站，推进新型储能高质量发展，发挥各类储能在电力系统中的调节作用
4		2024 年 11 月 8 日	《中华人民共和国能源法》	提出合理布局、积极有序开发建设抽水蓄能电站，推进新型储能高质量发展，发挥各类储能在电力系统中的调节作用
5	发展规划	2024 年 2 月 27 日	《关于加强电网调峰储能和智能化调度能力建设的指导意见》	提出电力系统调节能力、抽水蓄能电站投运规模、需求侧响应能力等目标；提出坚持系统观念，统筹源、网、荷、储各侧调节资源，重点部署了加强调峰能力建设、推进储能能力建设、推动智能化调度能力建设、强化市场机制和政策支持保障四方面任务
6		2024 年 5 月 29 日	《2024—2025 年节能降碳行动方案》（国发〔2024〕12 号）	提出到 2025 年底，全国抽水蓄能、新型储能装机规模分别超过 6200 万 kW、4000 万 kW（40GW），相较于 2021 年制定的 3000 万 kW 目标提高了 1000 万 kW。文件同时提出研究完善储能价格机制
7		2024 年 6 月 4 日	《关于做好新能源消纳工作保障新能源高质量发展的通知》	要求省级能源主管部门明确新增抽水蓄能、新型储能等调节资源规模，并组织电网企业等单位开展对各类储能设施调节性能评估认定

续表

序号	领域	发布时间	文件名称	核心内容
8	项目管理	2024 年 1 月 10 日	《电能质量管理办法（暂行）》（中华人民共和国国家发展和改革委员会令第 8 号）	第十四条规定新型储能应当在接入电力系统规划可研阶段开展电能质量评估，配置电能质量在线监测装置，采取必要的电能质量防治措施。治理设备、在线监测装置应当与主体工程同时设计、同时施工、同时验收、同时投运。在试运行阶段（6 个月内），应当开展电能质量监测，指标超标时应当主动采取治理措施
9		2024 年 1 月 22 日	《2024 年能源监管工作要点》（国能发监管〔2024〕4 号）	提出保障新能源和新型主体接入电网。监管电网企业公平无歧视地向新能源项目提供接网服务。指导电网企业进一步优化并网流程、提高并网时效，推动"沙戈荒"风光基地、分布式电源、储能、充电桩等接入电网
10		2024 年 4 月 12 日	《关于促进新型储能并网和调度运用的通知》（国能发科技规〔2024〕26 号）	提出以市场化方式促进新型储能调用。各地充分考虑新型储能特点，加快推进完善新型储能参与电能量市场和辅助服务市场有关细则，丰富交易品种，考虑配套政策、电力供需情况，通过灵活有效的市场化手段，促进新型储能"一体多用、分时复用"，进一步丰富新型储能的市场化商业模式
11		2024 年 10 月 30 日	《关于提升新能源和新型并网主体涉网安全能力服务新型电力系统高质量发展的通知》	提出新能源，以及新型储能、虚拟电厂、分布式智能电网等新型并网主体涉网安全能力提升的总体要求和具体举措。明确电力调度机构要加强对纳入涉网安全管理范围的新能源和新型并网主体的统一调度管理，为并网主体安全并网提供保障
12	市场机制	2023 年 9 月 7 日	《电力现货市场基本规则（试行）》（发改能源规〔2023〕1217 号）	明确了目前电力现货市场主要为日前、日内和实时电量交易的市场，以及配套开展的调频、备用等辅助服务交易市场。包括分布式发电、负荷聚合商、储能和虚拟电厂等在内的新型经营主体，可在电力现货市场中提供服务
13		2023 年 10 月 12 日	《关于进一步加快电力现货市场建设工作的通知》（发改办体改〔2023〕813 号）	明确在确保有利于电力安全稳定供应的前提下，有序实现电力现货市场全覆盖。2023 年底，全国大部分省份/地区具备电力现货试运行条件，"新能源+储能"进入现货市场，鼓励新型主体参与电力市场

续表

序号	领域	发布时间	文件名称	核心内容
14		2024年2月8日	《关于建立健全电力辅助服务市场价格机制的通知》（发改价格〔2024〕196号）	提出持续推进电力辅助服务市场建设，不断完善辅助服务价格形成机制；强调要科学确定辅助服务需求；优化完善调峰、调频、备用等辅助服务市场交易和价格机制；要求推动各类经营主体公平参与辅助服务市场，加强辅助服务市场与中长期市场、现货市场等统筹衔接；健全辅助服务价格管理工作机制，规范工作程序；加强辅助服务市场运行和价格机制跟踪监测，及时评估完善价格机制，促进辅助服务价格合理形成
15	市场机制	2024年4月25日	《电力市场运行基本规则》（中华人民共和国国家发展和改革委员会令第20号）	将容量交易首次囊括进电力交易范畴，成为与电能量交易、电力辅助服务交易并行的三大交易类型之一。规则不但明确了容量交易的定义，更指出市场化的容量交易的改革方向：市场化的容量成本机制、容量补偿、容量市场等。储能容量市场的建立，对于正确衡量储能等灵活性资源的容量价值、保证储能获取合理收益，具有重要意义
16		2024年5月8日	《电力市场监管办法》（中华人民共和国国家发展和改革委员会令第18号）	本次修订将电力市场监管对象明确为电力交易主体、电力市场运营机构和提供输配电服务的电网企业等电力市场成员，电力交易主体增加售电企业、储能企业、虚拟电厂、负荷聚合商。增加对售电企业、电力用户、储能企业、虚拟电厂、负荷聚合商的监管内容；明确对发电企业、电网企业、售电公司、电力用户、储能企业等与其他电力交易主体签订有关合同情况开展监管
17		2024年9月13日	《电力市场注册基本规则》（国能发监管规〔2024〕76号）	明确新型储能企业注册需要满足的基本条件；提出市场注册审查通过的新型储能企业经营主体原则上无需公示，注册手续直接生效
18	技术规范	2024年1月17日	《关于公示新型储能试点示范项目的通知》（国家能源局公告2024年第1号）	公布了56个新型储能示范项目，涵盖锂离子电池、压缩空气储能、液流电池、重力储能、飞轮储能、钠离子储能、铅炭电池储能、液态空气储能、矾流液储能、混合储能等10种技术路线
19		2024年2月29日	《关于加快推动制造业绿色化发展的指导意见》（工信部联节〔2024〕26号）	提出要谋划布局氢能、储能、生物制造、碳捕集利用与封存（CCUS）等未来能源和未来制造产业发展。聚焦储能在电源侧、电网侧、用户侧等电力系统各类应用场景，开发新型储能多元技术，打造新型电力系统所需的储能技术产品矩阵，实现多时间尺度储能规模化应用

续表

序号	领域	发布时间	文件名称	核心内容
20		2024年3月1日	《关于新形势下配电网高质量发展的指导意见》(发改能源〔2024〕187号)	强调推动新型储能多元发展,基于电力系统调节能力分析,根据不同应用场景,科学安排新型储能发展规模,推动长时电储能、氢储能、热(冷)储能技术应用。研究完善储能价格机制
21		2024年3月22日	《2024年能源工作指导意见》(国能发规划〔2024〕22号)	提出推动新型储能多元化发展,强化促进新型储能并网和调度运行的政策措施。加强新型储能试点示范跟踪评价,推动新型储能技术产业进步。探索推广新型储能多元化应用等新技术
22	技术规范	2024年5月28日	《关于做好新能源消纳工作保障新能源高质量发展的通知》(国能发电力〔2024〕44号)	明确探索应用长时间尺度功率预测、构网型新能源、各类新型储能等新技术。开展对各类储能设施调节性能的评估认定,提出管理要求,保障调节效果。加强系统调节能力建设,明确新增煤电灵活性改造、调节电源、抽水蓄能、新型储能和负荷侧调节能力规模及省间互济等调节措施
23		2024年8月6日	《加快构建新型电力系统行动方案(2024—2027年)》(发改能源〔2024〕1128号)	提出提升新型储能涉网性能,推进构网型技术应用,建设一批共享储能电站,探索应用一批新型储能技术,在确保安全的前提下,布局一批共享储能电站,同步完善调用和市场化运行机制,通过合理的政策机制,引导新型储能电站的市场化投资运营
24		2024年8月21日	《能源重点领域大规模设备更新实施方案的通知》(发改办能源〔2024〕687号)	提出建立健全充电基础设施、新型储能、氢能、电力装备等领域标准体系,加强能源行业标准供给和升级,提高设备效率和可靠性
25		2024年9月2日	《首台(套)重大技术装备推广应用指导目录》(2024年版)	公布了压缩空气储能系统、飞轮储能两项储能系统的关键零部件以及全钒液流电池储能系统、铁铬液流电池储能系统、钠离子电池储能系统、超级电容储能系统4项新型储能装备

附录 2　国家电网经营区各省级电网电力市场建设情况

附表 2-1　国家电网经营区各省级电网电力市场建设情况（截至 2024 年 12 月）

省级电网	现货市场	调峰市场	调频市场
北京	✕	✕	✕
天津	✕	✕	✕
河北	●	●	✕
冀北	✕	●	✕
山西	●	✕	●
山东	●	✕	●
上海	●	○	✕
江苏	●	●	●
浙江	●	●	●
安徽	●	●	✕
福建	●	●	●
江西	●	○	●
河南	○	●	○
湖北	●	●	●
湖南	●	●	●
重庆	✕	○	✕
四川	○	✕	●
蒙东	✕	○	✕
辽宁	●	○	●
吉林	●	○	✕
黑龙江	●	○	●

续表

省级电网	现货市场	调峰市场	调频市场
陕西	●	●	×
甘肃	●	×	●
青海	○	●	●
宁夏	○	●	●
新疆	●	●	○
西藏	×	×	×

注　"×"表示该省份未建立该市场；"○"表示该省份已建立该市场但不允许新型储能准入；"●"表示该省份已建立该市场但允许新型储能准入。

参 考 文 献

［1］新型储能发展分析报告 2023［R］. 中国电力出版社，2023.

［2］储能产业研究白皮书 2024［R］. 中国能源研究会储能专委会、中关村储能产业技术联盟，2024.

［3］中国新型储能发展报告 2024［R］. 电力规划设计总院，2024.

［4］中国电力行业年度发展报告 2024［R］. 中国电力企业联合会，2024.

［5］国家电网有限公司新型储能简报［R］. 国家电网有限公司，2024.

［6］胡江溢，杨高峰，宋兆欧，等. 支持新型储能发展的国际政策与中国发展模式探讨［J］. 电网技术，2024，48（2）：469-479.

［7］周凡宇，曾晋珏，王学斌.碳中和目标下电化学储能技术进展及展望［J］. 动力工程学报，2024，44（3）：396-405.DOI：10.19805/j.cnki.jcspe.2024.230571.

［8］林伯强. "双碳"目标下储能产业发展新趋势［J］. 人民论坛，2024（3）：78-83.

［9］黄碧斌，胡静，蒋莉萍，等. 中国电网侧储能在典型场景下的应用价值评估［J］. 中国电力，2021，54（7）：8.

［10］时智勇，王彩霞，胡静. 独立新型储能电站价格形成机制及成本疏导优化方法［J］. 储能科学与技术，2022，11（12）：4067-4076.

［11］李建林，梁策，张则栋等. 新型电力系统下储能政策及商业模式分析［J］. 高压电器，2023，59（7）：104-116.

［12］王松岑，来小康，程时杰. 大规模储能技术在电力系统中的应用前景分析［J］. 电力系统自动化，2013，37（1）：3-8.

［13］居文平，王一帆，赵勇，等. 新型电力系统长时储能技术综述［J］. 热力发电，2024，53（9）：1-9.

致　　谢

　　本报告在编写过程中，得到了国家电网有限公司发展策划部等总部部门及一些业内知名专家的大力支持，在此表示衷心感谢！

　　诚挚感谢以下专家对本报告的框架结构、内容观点提出宝贵建议，对部分基础数据审核把关和修正（按姓氏笔画排序）：

　　万志伟　马海伟　王上行　王守相　刘　坚　孙佳为　李建林　张晶杰
林卫斌　谭忠富